수학으로
배우는 똑똑한
의사결정 방법

항상 판단에
자신 없는
사람을 위한

정보 정리부터 미분·적분 개념까지

수학으로 배우는 똑똑한 의사결정 방법

나가노 히로유키 지음 | 성시야 옮김

시그마북스
Sigma Books

수학으로 배우는 똑똑한 의사결정 방법

발행일 2026년 2월 10일 초판 1쇄 발행
지은이 나가노 히로유키
옮긴이 성시야
발행인 강학경
발행처 시그마북스
마케팅 정제용
에디터 최윤정, 최연정, 양수진
디자인 정민애, 강경희, 김문배

등록번호 제10-965호
주소 서울특별시 영등포구 양평로 22길 21 선유도코오롱디지털타워 A402호
전자우편 sigmabooks@spress.co.kr
홈페이지 http://www.sigmabooks.co.kr
전화 (02) 2062-5288~9
팩시밀리 (02) 323-4197
ISBN 979-11-6862-443-6 (03410)

파본은 구매하신 서점에서 교환해드립니다.

* 시그마북스는 (주) 시그마프레스의 단행본 브랜드입니다.

들어가며

의사 결정은 우리가 매일 반복하는 행위입니다.

직장에서 프로젝트 진행 방향을 결정할 때, 가정에서 예산을 짤 때, 인생의 진로를 선택할 때, 모든 상황에서 우리는 항상 판단을 합니다. 이런 판단은 인생에 큰 영향을 미치고 삶의 질이나 미래를 좌우하기도 합니다.

하지만 복잡한 정보가 얽히고설켜 있는 현대 사회는 선택지가 방대한 탓에 '옳은' 의사 결정을 내리기가 쉽지 않지요. 정보를 선별하고 위험을 평가하며 수많은 가능성을 고려해야 하기 때문입니다.

왜 의사 결정을 하는 데 수학이 필요할까?

이 책에서는 의사 결정의 질을 높이는 데 **'수학'**을 활용하기를 제안합니다. 왜일까요? 수학은 오랜 역사 속에서 다듬어진 **'논리적 사고를 위한 도구'**이기 때문입니다.

'수학'이라고 해서 복잡한 공식이나 난해한 계산이 나오지는 않으니 걱정하지 마시길 바랍니다. 수학은 최대한 피하면서, 일상생활에서 접하는 문제를 해결하고 더 나은 의사 결정을 하는 데 필요한 본질적인 **수학적 사고력**을 전하고자 합니다. 어떤 상황에서도 이성적으로 대처하고 가장 합리적인 선택을 하게끔 돕는 강력한 힘이지요.

수학적 사고력을 자유자재로 구사하면, 더 적확한 의사 결정을 내릴 수 있습니다.

이를테면, 투자할 때는 방대한 정보를 분석해서 리스크와 리턴을 비교해야 합니다. 또 직장에서 프로젝트를 진행할 때는 여러 선택지를 제시하고, 각 선택지의 가능성과 영향을 평가해야 합니다.

만일 비교 분석 없이 감각과 직감에만 의존하면 선입견과 편향이 끼어들어 잘못된 판단을 내릴 가능성이 높아집니다. 반면 수학적 사고를 적용하면 정보를 정확히 정리하고 선택지를 객관적으로 비교할 수 있게 됩니다.

특히 중요한 수학적 기술 엄선

수학에는 참 많은 분야가 있지만, 여기서는 **의사 결정에 직결되는 내용에만** 초점을 둡니다.

이 책은 크게 네 부분으로 구성됩니다. 간략히 소개하겠습니다.

제Ⅰ부: 제1장~제4장

제Ⅰ부에서는 정보를 정리하고, 수학이 강해지는 데 도움이 되는 기술이자 **수학적으로 의사 결정을 하는 데 필요한 기본 역량**을 키웁니다.

제1장 '정보 정리하기'에서는 분류, 표, 그래프를 이용해 복잡한 정보를 시각적으로 정리하는 방법을 소개합니다.

제2장 '이번에야말로, 나눗셈 이해하기'에서는 나눗셈의 2가지 의미를 설명하고, 비율, 단위량당 크기 같은 기초 개념을 상세히 풀어냅니다. 이 내용은 비즈니스에서 가격 대비 성능 평가를 하거나 생활에서 시간을 효율적으로 분배할 때처럼 수많은 상황에서 활용됩니다.

제3장 '계산(암산) 요령 익히기'에서는 19단까지의 곱셈, 근삿값 산출법 등 계산(암산) 요령을 다룹니다. 숫자에 강한 사람이라고 특별한 능력이 있는 것은 아닙니다. 여기서 소개하는 요령을 '지식'으로 갖추고, 적재적소에 활용할 뿐이지요.

제4장 '수치화 귀신 되기'에서는 정량화와 페르미 추정 같은 기술을 소개합니다. 사물을 구체적인 수치로 파악하는 힘을 키워, '숫자를 만드는 사람'이 되는 것을 목표로 합니다.

제Ⅱ부: 제5장~제7장

제Ⅱ부에서는 **논리적 사고력을 계발하고 전략적 의사 결정을 내리기 위한 방법**을 배웁니다.

제5장 '논리적으로 생각하기'에서는 필요조건, 충분조건, 귀류법 같은 논리의 기본 요소를 이해하고, 잘못된 추론을 피하는 방법을 익힙니다.

제6장 '곱셈식으로 사고하기'에서는 창의적인 아이디어를 떠올리는 데 도움이 되는 기술로, 매트릭스를 만드는 방법과 차원을 늘려 혁신을 일으키는 방법을 배웁니다. 이 방법을 익히면 여러 가지 요소를 조합해 새로운 관점에서 창의적인 의사 결정을 할 수 있게 되지요.

제7장 '게임 이론 알기'에서는 현대 의사 결정에서 빼놓을 수 없는 게임 이론 가운데 죄수의 딜레마와 순차 게임을 설명합니다. 게임 이론을 통해 경쟁과 위험이 놓인 상황에서 이성적으로 판단하는 힘을 키웁니다.

제Ⅲ부: 제8장~제9장

제Ⅲ부에서는 **불확실성 속에서 의사 결정을 하는 데 도움이 되는 기술**을 배웁니다.

제8장 '확률 올바르게 이해하기'에서는 사물의 개수를 지성으로 헤아리는 방법을 학습한 후에 확률과 기댓값을 배웁니다. 특히 확률은 혼동하기 쉬우므로, 이 장을 통해 올바른 의미를 다시 한번 확인하시기를 바랍니다.

제9장 '통계 이해하고 활용하기'에서는 평균, 표준 편차, 가설 검정 같은 통계학의 기초 개념을 학습합니다. 현대는 인류 역사상 그 어느 때보다 '수학이 사물을 나타내는 시대'입니다. 통계 리터러시는 직장인의 필수 역량이라고 해도 과언이 아니지요.

제IV부: 제10장~제11장

마지막 제IV부에서는 구체와 추상, 미시와 거시처럼 **상반되는 두 관점을 자유롭게 넘나들며 한층 생산적인 의사 결정을 내리는 방법**을 배웁니다.

제10장 '구체와 추상'에서는 추상적 사고방식과 구체적인 사례를 오가며 깊은 통찰력을 얻는 방법을 소개합니다. 또 현대 수학을 대표하는 분야인 '토폴로지'의 개념을 의사 결정에 활용하는 방법도 다룹니다.

제11장 '미분·적분식 사고 기르기'에서는 미분(미시)과 적분(거시)의 관점을 구사하는 요령을 이야기합니다. 미분·적분을 다루지만, 어려운 수식은 나오지 않습니다. 이 개념의 핵심을 익히고, 변하는 대상을 장기적이고 유동적으로 다루는 힘을 키우지요.

이 책의 사용법

이 책의 모든 장은 '문제→수학적 내용 해설→문제 해답→문제 해설'로 구성되어 있습니다. 어려운 문제도 섞여 있지요. 일부러 추상적인 문제도 실었습니다. 바로 독자 여러분께 **'스스로 생각하는 경험'**을 전해드리고 싶기 때문입니다. 문제를 풀면서 '왜 그럴까?', '다른 방법은 없을까?' 하고 스스로 묻고 답하며 **시행착오를 겪는 과정이야말로 수학적 사고력을 기르는 귀중한 경험**이 됩니다.

또 이 책에는 애플, 나이키, 이케아, 세븐일레븐 같은 **대기업에서 시행한 수학적 의사 결정의 사례**를 아낌없이 담았습니다. 그뿐 아니라, 쿠바 위기 같은 **역사적 사건**과 데카르트나 아인슈타인 같은 **위대한 인물들의 명언** 등 수학을 의사 결정에 이용하는 데 힌트가 될 소재도 지면이 허락하는 한 담았습니다.

다양한 사례를 통해 수학적으로 의사 결정을 내리는 일의 가치를 느끼시기를 바랍니다.

이 책은 학교 교육처럼 지식을 시험하기 위한 것이 아닙니다. 그보다 독자 여러분이 일상이나 직장에서 어떤 결정을 내려야 할 때, 수학적 관점을 활용해 더 나은 선택을 할 수 있도록 돕는 것이 목표입니다.

누구나 의사 결정을 하며 망설이고 벽에 부딪히기도 합니다. 그때 이 책이 사물을 정리하고 수긍할 만한 판단을 내리는 데 도움이 된다면 저자로서 기쁠 따름입니다.

그러면 페이지를 넘겨 수학적 의사 결정 연습을 시작해봅시다. 생각하는 즐거움과 의사 결정 능력이 향상되는 느낌을 맛보시기를 바랍니다.

나가노 히로유키

차 례

제 II 부

제9장 통계 이해하고 활용하기

제 IV 부

제10장 구체와 추상

제 I 부

제 1 장

정보 정리하기

목표

제1장에서는 수학적 의사 결정을 내리기 전, 정보를 정리하는 연습을 한다. 여기서 말하는 정리는, 흔히 생각하는 어질러진 물건을 말끔히 정돈한다는 의미가 아니다. 정보의 질을 높이고 숨은 정보를 찾아내는 데 도움이 되는 **발전적이고 생산적인 정리**를 뜻한다.

힌트는 모두 **수학적 사고법**에 있다.

분류

【문제 1】

음식점을 중복이나 누락 없이 분류하고자 한다. 아래의 { } 안 항목에 따라 분류할 때, (가)~(라) 중 적절한 것은 무엇인가?

(가) {일요일 영업·일요일 휴무}

(나) {배달·포장·매장 식사}

(다) {일식·양식·중식}

(라) {분위기 중시·요리 중시}

중복과 누락이 없는 분류=MECE 한 분류

중복과 누락이 없는 분류를 MECE 한 분류라고 한다. 논리적 사고를 다룬 책에서는 거의 빠짐없이 등장하는 개념이므로 익숙한 이들도 많을 것이다. MECE는 'Mutually Exclusive, Collectively Exhaustive'의 약자로, 직역하면 '상호 배타적이며 전체 포괄적'이라는 뜻이다.

그보다 먼저, 왜 분류가 중요할까? 분류를 하면 다음과 같은 2가지 효과를 기대할 수 있기 때문이다.

① 어려움이 분해된다

② 정보량이 많아진다

분류의 효과① 어려움이 분해된다

프랑스의 철학자이자 수학자인 **르네 데카르트**(1596-1650)는 『방법서설』에 이런 말을 남겼다.

> **'모든 어려움을 잘 해결할 수 있도록 가능한 한 작은 부분으로 분해할 것.'**

요컨대, '어려움을 분해하자'는 것이다.

이사를 준비한다고 생각해보자. 짐 정리, 운반, 전입 신고 등 해야 할 일이 산더미라 어디서부터 손대야 할지 막막해지기 십상이다. 그러나 다음처럼 분류하면 작업이 효율적으로 진행될 뿐 아니라 '이 정도쯤이야' 하는 의욕도 생긴다.

[사전 준비]

- 이사 업체 선정
- 이삿짐 목록 작성
- 폐기물 처리
- 전출 신고

등

[당일]

- 이삿짐 반출·반입
- 전기·가스·수도 신청

- 입주 청소
- 이웃집 인사

등

[사후 처리]

- 전입 신고
- 이삿짐 정리

등

수학에서의 어려움 분해

이런 수학 문제가 있다.

> **n이 정수일 때, 어떤 n에 대해서도 n^2을 3으로 나눈 나머지가 2가 될 수 없음을 증명하라.**

모든 정수의 제곱을 3으로 나누어 나머지를 일일이 따지라니 눈앞이 깜깜하다. 그러나 n을 3으로 나눈 나머지를 '0, 1, 2'로 분류하면 경우의 수는 단 3가지뿐이다.

(해답)

(i) $n=3k$일 때(k는 정수)

$$n^2=(3k)^2=9k^2=3\cdot 3k^2$$

$3k^2$은 정수이므로, n^2을 3으로 나눈 나머지는 0이다.

(ii) $n=3k+1$일 때(k는 정수)

$$n^2=(3k+1)^2=9k^2+6k+1=3(3k^2+2k)+1$$

$3k^2+2k$는 정수이므로, n^2을 3으로 나눈 나머지는 1이다.

(iii) $n=3k+2$일 때(k는 정수)

$$n^2=(3k+2)^2=9k^2+12k+4=3(3k^2+4k+1)+1$$

$3k^2+4k+1$은 정수이므로, n^2을 3으로 나눈 나머지는 1이다.

따라서, n이 정수일 때 n^2을 3으로 나눈 나머지는 2가 될 수 없다.

(증명 끝)

이것이 **어려움을 분해하는 분류의 효과**다.

분류의 효과② 정보량이 많아진다

다음은 평행사변형의 4가지 성질이다.

① 마주 보는 두 변이 서로 평행하다

② 마주 보는 두 변의 길이가 같다

③ 마주 보는 두 각의 크기가 같다

④ 두 대각선은 서로를 이등분한다

만약 어느 사각형이 평행사변형으로 분류된다면, 그 사각형은 4가지 성질을 모두 가진다는 뜻이므로 도형에서 얻을 수 있는 정보량이 한층 늘어난다.

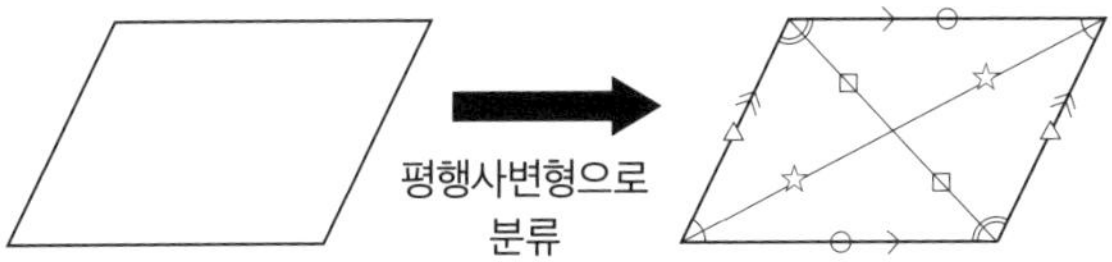

분류를 통해 어느 속성이 있다는 사실을 알면 정보량이 늘어나는 경우는 비일비재하다.

왜 꼭 MECE여야 할까?

MECE 한 분류는 수학적≒논리적으로 의사를 결정할 때의 기본이다. 누락이 없으면 **모든 가능성을 고려**할 수 있고, 중복이 없으면 **효율적으로 의견을 나눌 수 있기 때문**이다.

해답 (가)

해설

(가)…누락도, 중복도 없는 MECE 한 분류다.

(나)…누락은 없으나 중복이 있다. 한 음식점이 여러 서비스를 제공하기도 한다.

(다)…중복은 없으나 누락이 있다. 아시아 음식이나 퓨전 음식 등은 이 분류에 들어맞지 않는다.

(라)…중복과 누락이 모두 있다. 분위기와 맛이 모두 좋은 가게가 있는가 하면, 모두 좋지 않은 가게도 있기 때문이다.

표의 이용

【문제 2】

100명을 대상으로 '상품 A와 상품 B를 산 적이 있습니까?'라고 설문 조사한 결과, A를 산 적이 있다고 답한 사람이 50명, B를 산 적이 있다고 답한 사람이 30명, 둘 다 사지 않았다고 답한 사람이 40명이었다. 이때, 두 상품을 모두 산 사람의 수를 구하시오.

얼핏 보기에는 정보가 한참 부족해 보인다. 그러나 앞으로 보겠지만, 표로 정리해보면 의외로 필요한 숫자는 모두 갖추어져 있다.

그보다, 정보를 표로 정리해야 할 상황은 언제이고 그 효과는 무엇인지 알아보자.

표를 이용해야 할 상황과 그 효과

① 여러 사항을 비교할 때

부하 직원들의 능력을 객관적으로 파악하려면 영업 능력, 기획력, 분석력, 리더십 등 **여러 사항을 비교**해야 한다. 이럴 때 표를 이용하면 한눈에 들어와 보기 쉽다.

② 데이터 구조를 분석할 때

표를 만들면, 주어진 정보의 대응 관계, 숨은 정보, 누락된 정보가 드러난다. 즉, **데이터 구조**가 뚜렷해진다.

③ 의사 결정 과정을 기록하고 공유할 때

의사 결정을 내릴 때 표를 활용해 관련 정보를 명시하면, **결정 과정이 투명**해지고 그 이유를 다른 사람에게 설명하기도 쉬워진다.

교차표와 카르노 도표

이제 표를 자세히 배워보자.

【문제 2】을 표로 정리하라고 하면, 대부분 이와 같이 그릴 것이다.

교차표

		산 적이 있다	산 적이 없다
상품	A	50	?
	B	30	?

그러나 이 표에는 응답자가 100명이라는 점과, 둘 다 사지 않은 사람이 40명이라는 정보가 들어가지 않는다. 따라서 '상품 A를 산 적 없는 사람'과 '상품 B를 산 적 없는 사람'의 수를 계산할 방법이 없다.

게다가 문제에서 묻는 '둘 다 산 사람의 수'를 구할 길도 없다. 즉, 표를 적절히 선택하지 않으면 **'숨은 정보'를 찾아낼 수 없다**는 말이다.

위의 표는 표의 좌측에 상품의 종류(A, B)를, 표의 첫 번째 줄에 구매 경험(있다, 없다)을 적고, 각 교점에 그에 맞는 인원수를 넣었다. 이런 형식의 표를 **'교차표'**라고 한다.

교차표는 두 항목 가운데 하나를 세로축에, 다른 하나를 가로축에 넣고, 세로축과 가로축이 만나는 부분에 해당하는 숫자를 적는다. **조사 항목이 2개 이상일 때 흔히 사용하는 집계 방식**이다.

반면 아래처럼 표의 세로축과 가로축에 상품 A와 상품 B의 구매 경험을 각각 정리하면 어떨까?

B \ A	있다	없다	계
있다	마	다	30
없다	라	40	나
계	50	가	100

이 표는 **벤 다이어그램**으로 바꾸어 그릴 수 있다.

벤 다이어그램

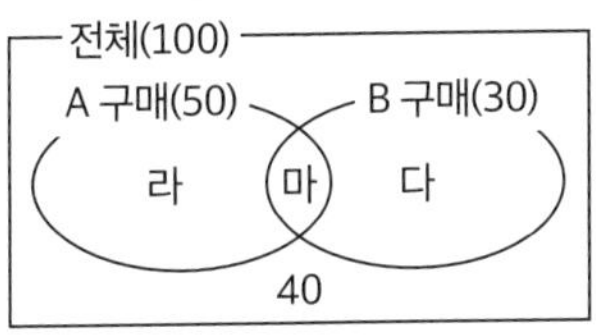

카르노 도표

B \ A	있다	없다	계
있다	마	다	30
없다	라	40	나
계	50	가	100

벤 다이어그램은 여러 집합의 공통분모(마)와 한 집합에만 포함되는 부분(다와 라)을 알아보기 쉽게 도식화한 그림이다.

벤 다이어그램과 대체되는 표를 **'카르노 도표'**라고 한다. 미국 수학자 **모리스 카르노**(1924-2022)가 기호 논리학의 논리식을 간략히 표현하고자 고안한 표라고 해서, 카르노 도표라는 이름이 붙었다.

주어진 정보를 카르노 도표로 작성할 수 있는지는 벤 다이어그램을 그려 보면 안다. 사실 카르노 도표는 논리 관계를 시각화하기 위한 표이므로, 집합 관계를 시각화한 벤 다이어그램과는 다르다. 하지만 대체로 벤 다이어그램으로 정리되는 정보는 카르노 도표로도 정리할 수 있다.

【문제 2】 역시 벤 다이어그램으로 작성되므로 카르노 도표로도 정리할 수 있다.

해답 20명

해설

문제에서 주어진 정보를 카르노 도표로 정리하면 '둘 다 사지 않은 40명'을 넣는 칸이 생긴다. 또 숫자가 채워지지 않은 칸 가~마도 아래처럼 **수식으로 정리하면 도출된다.**

50+가=100 ⇒ 가=100−50=50

30+나=100 ⇒ 나=100−30=70

다+40=가 ⇒ 다=가−40=50−40=10

라+40=나 ⇒ 라=나−40=70−40=30

마+라=50 ⇒ 마=50−라=50−30=20

카르노 도표를 이용하자, **문제에 나오지 않은 정보가 드러났다.** 위에서 구한 숫자를 표에 넣으면 다음과 같다.

B \ A	있다	없다	계
있다	**20**	10	30
없다	30	40	70
계	50	50	100

네 종류 그래프

【문제 3】

아래의 (1)~(4)의 정보를 그래프로 나타날 때, 각 항목에 적합한 그래프를 (가)~(라) 가운데 고르시오.

(1) 시장을 구성하는 각 회사의 시장 점유율 변화

(2) 기업의 1년간 월별 매출액

(3) 어느 제품의 원재료 구성비

(4) 학교별 학생 수

[선택지]

(가) 막대그래프

(나) 꺾은선그래프

(다) 원그래프

(라) 띠그래프

기술 통계의 기본

조사해서 모은 **정보의 경향이나 성질을 알아보기 쉽게 요약하는 방법을 기술 통계**라고 한다. 그중에서 가장 기본적인 방법이 그래프다.

회의 자료나 광고에서 정보의 근거를 보여줄 때 그래프는 필수다. **직관적이며 이해하기 쉽기 때문**이다. 단, 정보의 종류마다 적합한 그래프는 다르다. 그때그때 알맞은 그래프를 사용하지 않으면, 전달하려는 정보가 줄어들 뿐 아니라 잘못된 정보를 제공할 수도 있으므로 주의해야 한다.

그래프는 크게 네 종류로 나뉜다.

① 막대그래프

② 꺾은선그래프

③ 원그래프

④ 띠그래프

각 그래프는 다음과 같은 특징이 있다.

수량을 비교하는 '막대그래프'

막대그래프는 항목별로 **수량을 비교**하는 데 적절하다. 각 항목의 데이터를 막대로 표현해, 그룹 간의 크기와 수량 차이를 한눈에 비교할 수 있다.

예) 나라별 GDP 비교, 브랜드별 판매 수량

시간에 따른 변화를 나타내는 '꺾은선그래프'

꺾은선그래프는 **시간에 따른 변화**를 나타내는 데 알맞다. 시간에 따라 변동하는 정보나 경향을 시각적으로 표현할 때 사용한다.

예) 월별 기온 변화, 주가 변동

구성비를 비교하는 '원그래프'

원그래프는 **구성비를 비교**하는 데 효과적이다. 전체 100% 가운데 각 항목이 차지하는 비율을 시각적으로 보여준다.

예) 예산 배분, 설문 조사 항목별 응답률

시간에 따른 구성비 변화를 보여주는 '띠그래프'

띠그래프는 **시간에 따른 구성비 변화**를 보여주는 데 적합하다. 막대그래프와 비슷해 보이지만 막대가 가로로 누워 있으며, 띠 전체를 100%로 본다는 점이 다르다.

예) 수입 항목별 추이, 연령대별 인구 비율 변화

해답 (1)…(라) (2)…(나) (3)…(다) (4)…(가)

해설

(1)…시장 점유율 변화는 '시간에 따른 구성비 변화'이므로 **띠그래프**를 이용한다.

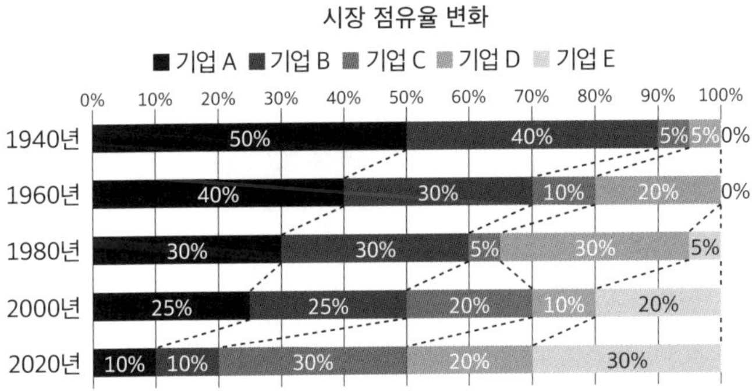

(2)…기업의 1년간 월별 매출액은 '시간에 따른 변화'이므로 꺾은선그래프를 이용한다.

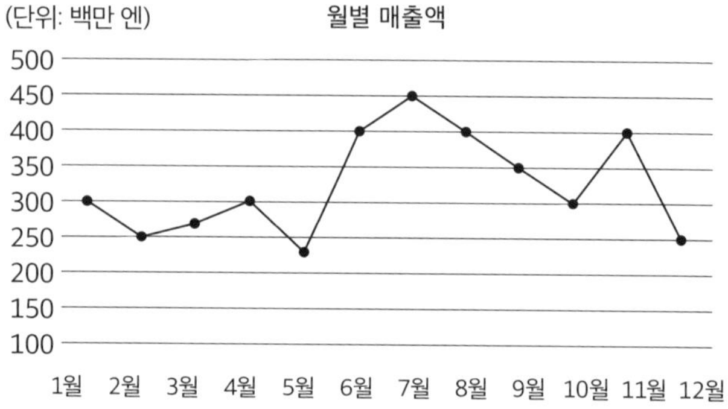

(3)…제품의 원재료 구성비는 '구성비 비교'이므로 원그래프를 이용한다.

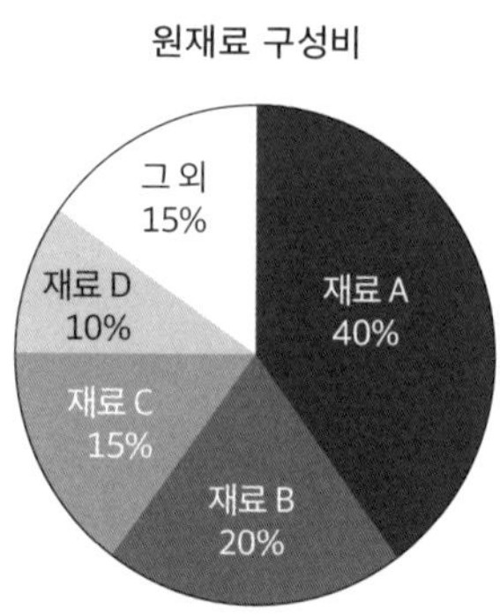

(4)…학교별 학생 수는 '수량 비교'이므로 막대그래프를 이용한다.

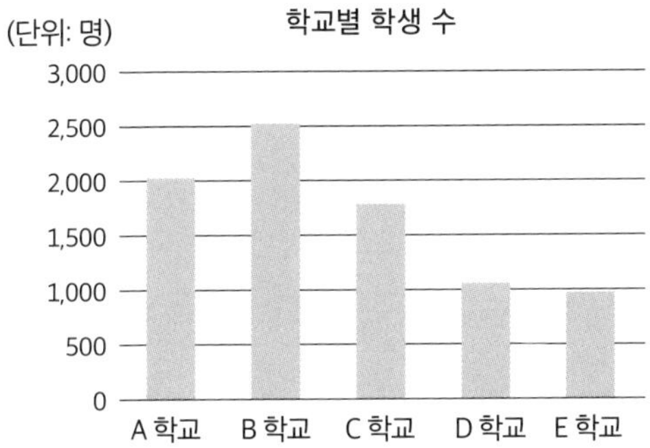

도식화

> **【문제 4】**
>
> 아래의 내용을 '도식화'하시오.
>
> '사람이 언어를 다루거나 논리적으로 생각할 때는 좌뇌가, 사물의 형태나 위치를 파악하거나 직관에 의존할 때는 우뇌가 활성화된다고 한다. 또, 좌뇌는 "디지털 뇌"라고 부르며, 직렬로 배열된 정보를 순차적으로 읽고 이해하는 반면, "아날로그 뇌"인 우뇌는 정보를 병렬로 배치해 한 번에 대량으로 처리한다. 우뇌의 기억력이 좌뇌보다 100만 배나 뛰어나다는 주장도 있다.'

수학 원장이라는 직업상, 수학 개념을 가르칠 때 **도식화**를 이용하는 경우가 많다.

분수의 나눗셈 도식화하기

'왜 분수를 나눗셈할 때 뒤집어서 곱할까(역수를 곱할까)?'를 도식화해보자.

'자동차가 $\frac{2}{3}$분 동안 $\frac{4}{5}$km를 이동했다. 이 자동차가 일정한 속력으로 달린다고 할 때, 자동차의 속력을 구하시오'라는 문제가 있다.

'거리 ÷ 시간 = 속력'이므로, 계산식은 다음과 같다.

$$\frac{4}{5} \div \frac{2}{3}$$

그런데 이 계산식이 왜 다음의 식과 같을까?

$$\frac{4}{5} \div \frac{2}{3} = \frac{4}{5} \times \frac{3}{2}$$

이 문제에서 구해야 할 것은 속력, 즉 1분 동안 이동한 거리다.

따라서 우선 $\frac{2}{3}$분 동안 이동한 거리를 반으로 나누어 $\frac{1}{3}$분간 이동한 거리를 구하고, 그 값을 3배 하면 된다.

이 과정을 도식화하면 다음과 같다.

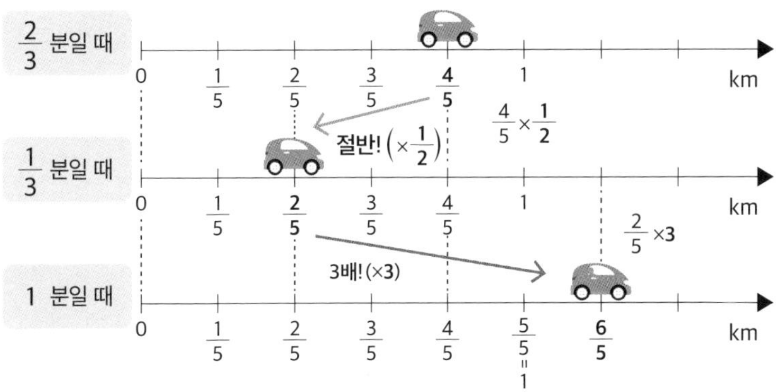

식을 정리해보자.

$$\frac{4}{5} \div \frac{2}{3} = \frac{4}{5} \times \underline{\frac{1}{2} \times 3} = \frac{4}{5} \times \frac{3}{2}$$

위의 식에서 알 수 있듯이 '$\div \frac{2}{3}$'가 '$\times \frac{3}{2}$'으로 변했다.

수식을 문장으로 정리하면 다음과 같다.

만일 $\frac{a}{b}$분 동안 이동한 거리에서 **1분 동안 이동한 거리**를 구하고 싶다면 다음의 식을 이용하면 된다.

$$\textbf{1분 동안 이동한 거리} = \frac{a}{b}\textbf{분 동안 이동한 거리} \div \underline{\frac{a}{b}}$$

도식에서 확인했듯이 **1분 동안 이동한 거리**는 $\frac{a}{b}$분 동안 이동한 거리를 $\frac{1}{a}$배 하고, 그 값을 b배 하면 된다.

$$\textbf{1분 동안 이동한 거리} = \frac{a}{b}\textbf{분 동안 이동한 거리} \underline{\times \frac{1}{a} \times b}$$

이것이 분수를 나눗셈할 때 역수를 곱하는 이유다.

$$\sim \div \frac{a}{b} = \sim \times \frac{1}{a} \times b = \sim \times \frac{b}{a}$$

도식화의 효과

정보를 도식화할 때의 효과를 정리해보자.

① 정보가 직관적으로 이해된다

도식화해서 그림으로 나타내면 직관을 담당하는 우뇌가 활성화되므로, 문자만으로 이루어진 정보보다 **직관적으로 이해하는 데 도움이 된다.**

앞선 예시에서도, $\frac{2}{3}$분 동안 이동한 거리를 절반으로 줄이거나 3배로 늘리는 과정을 그림으로 나타내 자동차의 위치 변화를 한층 직관적으로 파악할 수 있었다.

② 기억에 또렷이 남는다

【문제 4】에도 나오듯이 **우뇌의 기억력이 좌뇌보다 100만 배**나 뛰어나다고 한다. 도식을 이용해 정보를 시각화하면, 문자만으로 전달되는 정보보다 훨씬 더 기억에 또렷이 남는다.

71쪽의 '19단까지의 곱셈을 암산하는 순서'도 그림을 이용해 기억하기 쉽게 설명하고자 한다.

③ 내용이 효과적으로 전달된다

도식화하면 작성자뿐만 아니라 다른 사람들도 정보를 더 쉽게 이해할 수 있다. 발표 자료나 상품을 소개하는 광고지에 그림이나 그래프를 반드시 넣는 이유는 정보를 도식화하면 **자료를 작성한 사람의 의도가 효과적으로 전달**되기 때문이다.

도식화하기 적절한 정보란

그렇다면 어떤 정보가 도식화하기에 적절할까?

- **비교: 표**나 **화살표** 같은 기호를 쓰면 여러 항목의 공통점과 차이점을 한눈에 이해할 수 있다.
- **변화: 시간에 따른 변화를 나타내는 그래프**를 사용하면, 지표의 변화 추이를 시각적으로 파악할 수 있다. 또, 절차나 공정을 그림으로 나타내면, 과정이 명확히 드러나므로 순서나 인과관계가 뚜렷해진다.
- **관계성(구조): 조직도**, **순서도**, **마인드맵** 등은 요소 사이의 관계나 전체 구조를 한눈에 파악하는 데 도움이 된다. **수형도**와 **벤 다이어그램**으로 상하

관계와 포함 관계도 나타낼 수 있다.

- **추상적 개념의 구체화: 일러스트**나 **아이콘**을 사용해 난해한 개념을 알아보기 쉬운 이미지로 대체할 수 있다.
- **요약: 키워드**를 뽑아 적절히 배치하면 긴 문장을 간략하게 정리할 수 있다.

예시 해답

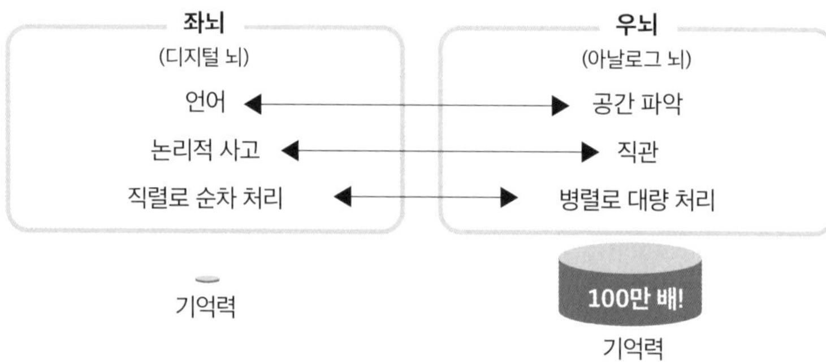

해설

위의 '해답'은 예시일 뿐이다. 참고로 다음의 순서대로 정리했다.

- 키워드 추출(요약)
- 대조되는 특징을 '↔'로 표시(비교)
- 좌뇌와 우뇌의 기억력 차이를 원기둥의 크기로 표현(추상적 개념의 구체화)

체크 리스트

> **【문제 5】**
>
> 발표 자료를 만드는 데 필요한 체크 리스트를 작성하시오.

뜬금없지만 중학생 시절에 배운 '삼각형의 합동 조건'을 기억하는가?

① 대응하는 세 변의 길이가 각각 같다

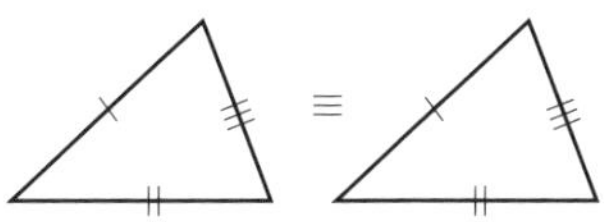

② 대응하는 두 변의 길이와 끼인각의 크기가 같다

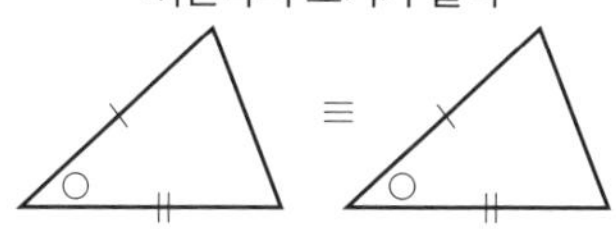

③ 대응하는 한 변의 길이와 그 양 끝 각의 크기가 각각 같다

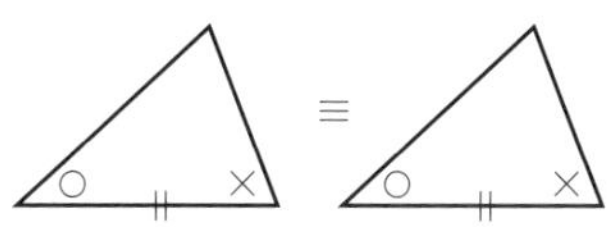

크기와 모양이 똑같아 꼭 맞게 포개지는 도형을 **'합동'**이라고 한다.

삼각형은 3개의 변과 3개의 각이 있으므로, 합동이 되려면 총 6가지의 조건이 모두 일치해야 한다. 하지만 '합동 조건'을 보면, 6가지 중 3가지만 확인한다. 남은 3가지 요소는 맞추어보지 않아도 되는 걸까?

삼각형의 합동 조건은, 세 값만 보면 합동이 성립하는지 확인할 수 있는 **'아주 효율적인 체크 리스트'**다.

비즈니스 현장에서도 자료 작성, 영업 활동, 프로젝트 관리 등 **반복되는 업무**에는 **체크 리스트**를 만드는 편이 좋다. 그 이유는 다음과 같다.

체크 리스트의 효과

① 실수 방지

체크 리스트를 이용하면 중요한 절차나 세부 내용을 **놓치는 일을 방지**할 수 있다. 그 결과, **비용과 시간의 낭비가 최소화**된다.

② 일관성 유지

체크 리스트는 **절차와 작업 내용을 표준화**하는 데 도움이 된다. 하나의 업무를 팀에서 처리하든, 개인이 처리하든 **항상 수준 높은 결과**를 얻을 수 있다.

③ 효율 향상

체크 리스트를 활용하면 업무를 **빠르고도 효율적으로 끝낼 수 있다.**

④ 스트레스 경감

체크 리스트가 있으면, 중요한 항목을 빠뜨릴 걱정을 하지 않아도 된다. 따라서 **스트레스가 줄어들고** 생산성이 높아진다.

⑤ 정리와 구조화

체크 리스트는 문제를 정리하고 해결책을 구조화하는 데 효과적이다. 그러므로 문제 해결 프로세스가 꼬이지 않고 문제가 수월하게 해결된다.

⑥ 정신노동 감소

매일 반복되는 일과를 체크 리스트로 정리하면 날마다 '다음에 무엇을 해야 하는지' 고민하지 않아도 된다. 이 말은 형식적인 부분에 머리를 쓰지 않아도 된다는 뜻이다. 따라서 **정신노동이 감소**하고, 진짜로 머리를 써야 하는 순간에 집중할 수 있다.

체크 리스트 작성 포인트

체크 리스트는 다양한 비즈니스 현장에서 활용할 수 있는 효과적인 도구이지만, 무작정 만들면 오히려 업무에 방해가 된다. 그런 일이 없도록 다음 사항을 꼭 확인하기 바란다(이것 역시 체크 리스트인 셈이다).

- **목적을 명확히 하기:** 체크 리스트를 만들기 전에 만드는 목적을 명확히 해야 한다. 달성하려는 목표나 해결하려는 문세를 분명히 정해야, 필요한 항목을 빠짐없이 작성할 수 있다.
- **간결하고 이해하기 쉽게 작성하기:** 체크 리스트 항목은 간결하고 이해하기 쉽게 작성해야 한다. 전문 용어나 준말보다는 누구나 아는 용어로 적는 편이 좋다.
- **순서대로 나열하기:** 체크 리스트 항목은 논리 정연하게 나열해야 한다. 작업의 흐름에 따라 항목을 정리하면, 업무가 원활하게 진행된다.
- **정기적으로 수정하기:** 체크 리스트는 업무 내용이나 환경 변화에 맞추어 정기적으로 수정해야 한다. 불필요한 항목을 제거하고, 새로운 항목을 추가하면 항상 최신 체크 리스트를 유지할 수 있다.

예시 해답

✔ 전하고 싶은 주제 결정

✔ 청중의 흥미도나 지식수준 확인

✔ 구성 결정

✔ 자료(정보) 수집과 선별

✔ 프레젠테이션 작성(시각 효과·글씨체·그림 등 결정)

✔ 연습(시간 분배 확인)

✔ 질의응답 준비

✔ 자료 백업

✔ 기계 오류 대비

해설

위의 체크 리스트는 초안일 뿐이다. 실제로는 더 많은 항목이 필요할지도 모른다. 단, **체크 리스트 항목이 지나치게 많아지지 않도록 주의해야 한다.** 불필요한 항목이 많거나 지나치게 구체적이면 실용성이 떨어지기 때문이다.

'삼각형의 합동 조건'처럼 가능한 한 '아주 효율적인 체크 리스트'를 지향하라. 이를 위해서는 체크 리스트를 수시로 점검하고 다듬어야 한다. 그러면 다양한 상황에서 활용할 수 있는 아주 유용한 체크 리스트가 완성될 것이다.

제 I 부

제 2 장

이번에야말로, 나눗셈 이해하기

목표

제2장에서는 수학이 약한 사회인들에게 큰 걸림돌이 되는 '나눗셈'을 설명한다. **나눗셈에는 2가지 의미가 있다**는 점을 이해하는 것이 특히 중요하다.
또, 비즈니스 현장에서 가장 많이 사용하는 **'비율'**과 **'단위량당 크기'**을 자유자재로 구사할 수 있도록 연습한다.

등분제와 포함제

【문제 6】

다음 나눗셈을 등분제와 포함제로 분류하시오.

(가) 가격÷개수=단가

(나) 가격÷단가=개수

(다) 거리÷시간=속력

(라) 거리÷속력=시간

직업상 수학을 싫어하는 사회인들을 만날 기회가 많은데, 이야기를 들어보면 **대체로 나눗셈을 이해하지 못하는 경향**이 있다.

사칙 연산 중 덧셈, 뺄셈, 곱셈의 뜻을 모르는 사람은 거의 없다. 하지만 나눗셈에 들어가면 돌연 정신이 아득해진다는 이들이 많다. 아마도 초등학교 때 배운

'거리÷시간=속력'

이나

'비교하는 양÷기준량=비율'

같은 나눗셈 공식을 제대로 이해하지 못한 채 외우기만 했기 때문일 것이

다(앞의 공식은 34쪽에서, 뒤의 공식은 51쪽에서 설명한다).

수학적 의사 결정을 내리는 데 기본이 되는 수학은 **비율**과 **단위량당 크기**다. 이 2가지를 자유자재로 구사하려면 나눗셈의 핵심을 꼭 이해해야 한다.

따라서 나눗셈이란 무엇인지를 처음부터 짚고 넘어가고자 한다.

나눗셈은 곱셈의 역산

A에 B를 더해 C가 되면, C에서 B를 빼면 A가 된다. 이처럼 계산한 결과를 원래의 값으로 되돌리는 계산을 **'역산'**이라고 한다. 뺄셈은 덧셈의 역산이고, **나눗셈은 곱셈의 역산이다.**

나눗셈을 이해하려면 우선 곱셈의 구조를 정확히 알아야 한다. 이를테면, '한 사람당 사탕을 3개씩 나누어 가질 때, 두 사람이면 사탕이 몇 개 필요한가?'라는 문제는 곱셈으로 계산할 수 있다.

단위량, 단위 수, 총량이라는 용어를 정의해보자.

단위량…한 사람(1인분)의 몫, 한 사람당 수량

단위 수… 단위가 몇 개인가, 단위의 개수(사람 수)

총량…모든 개수, 합계

'단위량×단위 수=총량'에서 '단위량'을 구하는 계산과 '단위 수'를 구하는 계산을 모두 '나눗셈'이라고 한다. **나눗셈에는 2가지 의미가 있는 셈이다.**

등분제란

'단위량'을 구하는 나눗셈을 등분제라고 한다. '사탕 6개를 2명이 나누어 가지면 한 사람당 몇 개를 갖는가?'라는 질문의 답을 구하는 계산이 바로 등분제다.

단위량(한 사람의 몫)을 구하는 계산식인 '총량÷단위 수'는 총량을 단위 수(사람 수)만큼 **동등하게 분배**하는 식이므로, '등분제'라고 부른다.

포함제란

반대로 **'단위 수'를 구하는 나눗셈을 포함제라고 한다.** '사탕 6개를 한 사람당 3개씩 나누어 가지면 총 몇 명이 가질 수 있는가?'라는 질문의 답을 구하는 계산이 포함제다.

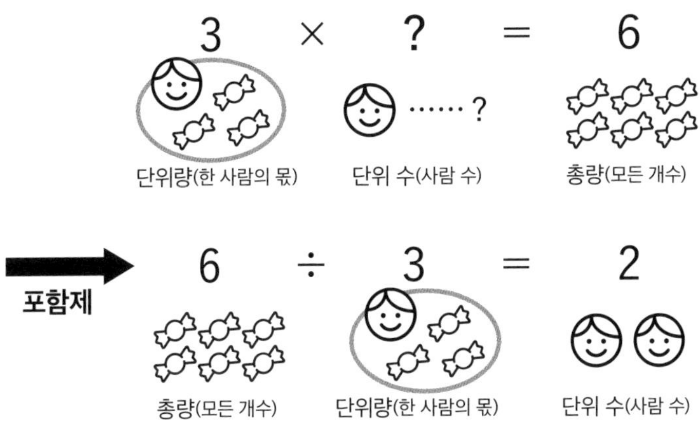

단위 수(사람 수)를 구하는 계산식 '총량÷단위량'은 총량 안에 단위량(한 사람의 몫)이 **몇 개 포함되어 있는가**를 묻는다. 따라서 이런 나눗셈을 '포함제'라고 부른다.

해답 등분제…(가), (다) 포함제…(나), (라)

해설

(가)…'어느 물건 3개의 가격이 1,200엔이었을 때, 물건 1개의 가격'을 계산해보자.

$$1,200 \div 3 = 400$$

1개의 가격은 400엔이다. 가격 1,200엔을 3등분해서 1개의 가격을 구한 셈이다. **'가격÷개수=단가'**는 단위량(한 개당 수량)을 구하는 식이므로 **등분제**다.

(나)…'1개에 200엔인 물건을 몇 개 샀더니 총 600엔이 나왔을 때, 구입한 물건의 개수'를 구해보자.

$$600 \div 200 = 3$$

구입한 물건은 3개다. 총금액 600엔에 단가 200엔이 몇 번 들어가는지를 계산해 구입한 물건의 개수를 구하는 방법이다. **'가격÷단가=개수'**는 단위 수(개수)를 구하는 식이므로 **포함제**다.

(다)…'속력'은 **단위 시간(1시간이나 1분이나 1초)당 이동한 거리**를 말한다.

'2시간 동안 8km 이동했을 때의 속력'은 다음과 같다.

$$8 \div 2 = 4$$

따라서 속력은 시속 4km다. 8km를 2등분해 1시간당 이동한 거리를 구한 셈이다.

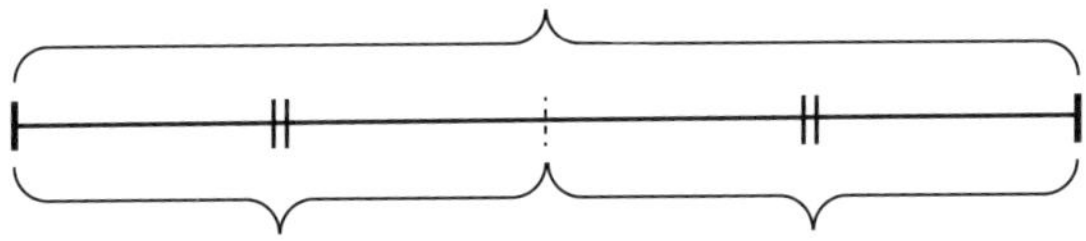

'거리÷시간=속력'은 단위량(단위 시간당 이동한 거리)을 구하는 식이므로 **등분제**다.

(라)…'거리 90km를 시속 30km로 이동할 때 걸리는 시간'을 구하자.

$$90 \div 30 = 3$$

정답은 3시간이다. 90km 안에 1시간 동안 이동하는 거리(시속)인 30km가 몇 번 들어가는지를 계산해서 걸리는 시간을 구했다.

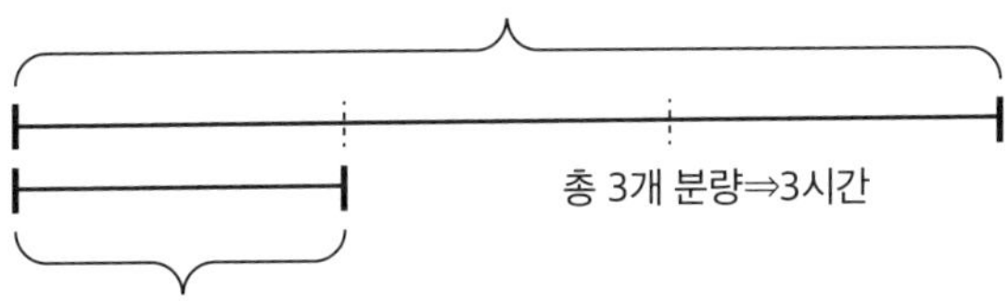

따라서 **'거리÷속력=시간'**은 단위 수(시간)를 구하는 식이므로 **포함제**다.

비율

【문제 7】

A사와 B사의 당기 순이익과 자기 자본이 다음과 같다. 투자처로 적절한 곳을 고르시오.

	당기 순이익	자기 자본
A사	700	10,000
B사	500	5,000

(단위: 만 엔)

알베르트 아인슈타인(1879-1955)**은 '모든 것은 상대적이다'**라는 말을 남겼다. 상대성 이론으로 시간의 흐름과 길이조차 상황에 따라 달라진다고 증명했기에, 사물의 가치와 의미 역시 주변 상황이나 다른 사물과의 관계에 따라 달라진다고 말하고 싶었는지도 모른다.

이를테면, 1억 엔은 개인 소득으로는 어마어마한 금액이지만, 기업 이익으로는 평범한 수준이다.【문제 7】에서도 '당기 순이익'만 보고 어느 회사가 실적이 우수한지 판가름하기는 섣부르다. 참고로 당기 순이익이란 매출액에서 매출 원가, 판관비, 영업 외 손익, 법인세 등을 뺀 금액을 말한다.

투자처를 결정하려면 그 외에도 여러 숫자를 비교 검토해야 하는데, 해외 투자자는 특히 자기 자본 이익률(ROE, Return On Equity)을 중요하게 여긴다.

$$\text{ROE} = \frac{\text{당기 순이익}}{\text{자기 자본}}$$

해외 투자자는 대체로 ROE가 높고, 꾸준히 증가하는 투자처를 고른다. 자기 자본에 대한 당기 순이익의 **비율**을 중시하는 셈이다.

비율이 낯선 어른은 많다

일본 출판사 쇼가쿠칸에서 운영하는 어린이 정보 사이트 '하구쿠무(HugKum)'가 2023년에 실시한 설문 조사에 따르면 '초등학생이 어려워하는 단원' 순위에 '비율'이 '속도', '분수 계산', '소수 계산'의 뒤를 이어 4위를 차지했다.

'속도'는 중학교에 들어가 상대 속도나 유속처럼 더 복잡한 내용을 배우면서, 특히 까다로운 문제라고 여기는 아이들이 많다. 또한 초등학교 3학년 때 배우는 '분수 계산'과 '소수 계산'은 수학에 처음으로 벽을 느끼게 해 어렵다는 인상을 준다.

하지만 성인이 되면 속도 문제를 마주할 일이 드물고, 분수와 소수 계산은 시간이 지나 깨치는 이들이 많다. 반면 '비율'은 많은 사람들이 어른이 되어서도 여전히 어렵다고 토로한다.

비율 바꾸어 읽기

교과서에 나오는 비율의 정의는 다음과 같다.

$$\text{비교하는 양} \div \text{기준량} = \text{비율}$$

비율을 낯설어하는 사람이 많은 이유는, 이 정의가 이해하기 어렵기 때문이다. '비교하는 양'이라든가 '기준량'이라는 표현이 일상에서 쓰는 단어가 아니다 보니 어색하게 느껴지는 것이다.

그래서 여기에서는 과감하게 '비교하는 양'을 '~는(주어)'으로, '기준량'을 '~의(수식어)'로, '비율'을 '어느 정도(술어)'로 바꾸어 표현하고자 한다. 그러면 비율의 정의는 이렇게 달라진다.

비교하는 양 ÷ 기준량 = 비율
↓ ↓ ↓
~는 ~의 어느 정도

'비율'은 **'어느 정도'**라는 점을 이해하는 것이 가장 중요하다.

기준이 다른 수치 비교하기

그보다, 왜 비율이 필요할까?

비율은 **기준이 되는 수(기준량)를 '1'로 보고, 확인하려는 수(비교하는 양)를 정확히 비교하기 위해** 고안되었다. 그 말은, **기준에 대한 상대적인 가치를 수치로 나타냈다**는 뜻이다. 비율은 **기준이 다른 수치를 비교하는 최고의 도구**라고 해도 과언이 아니다.

비율 도식화하기

두 그룹의 여성 비율을 계산해보자.

	여성 수	전체 수
그룹 A	1,200	3,000
그룹 B	36	80

(단위: 명)

'여성 수'는 '전체 수'의 '어느 정도인가'를 계산하면 된다.

기준이 되는 수…전체 수

확인하려는 수…여성 수

기준이 되는 수와 확인하려는 수는 위와 같다.

$$그룹\ A: \frac{1,200}{3,000} = 0.4 = 40\%$$

$$그룹\ B: \frac{36}{80} = 0.45 = 45\%$$

여성 수는 그룹 A가 훨씬 많지만, 여성의 비율은 그룹 B가 높다.

각 비율을 도식화해보자.

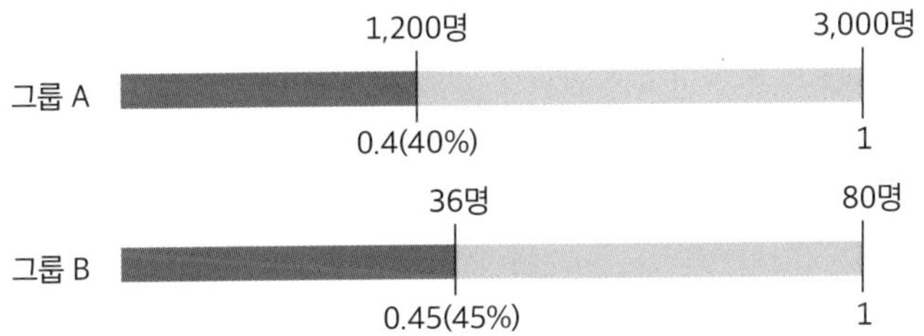

이 그래프를 보면, 기준을 '1'로 맞춘다는 의미를 이해할 수 있을 것이다.

비율은 포함제

비율을 구하는 나눗셈은 등분제일까, 포함제일까?

그룹 A의 여성 비율은 계산식 '1,200 ÷ 3,000'으로 구했는데, 이 식은 1,200명을 3,000등분한다는 뜻이 아니다. 1,200명이 3,000명의 어느 정도를 차지하는지를 구하는 식이다. 따라서 비율을 구하는 나눗셈은 '확인하려는 수(비교하는 양)'를 총량, '기준이 되는 수(기준량)'를 단위량, '비율'을 단위 수로 한 **포함제**다.

단위 수는 '몇 개'로 따지면서 비율은 1보다 작은 경우가 많으니, 비율 계산이 이해하기 어려운 것도 당연하다. '400 ÷ 100 = 4'이므로, 400은 100이 '4개'라고 하면 절로 고개가 끄덕여지는데, 1,200은 3,000이 '0.4개'라고 하면 와닿지 않아 고개를 갸웃거리게 된다. 하지만 이런 **소수 개수의 개념을 받아들이고 익히는 것**이 비율을 이해하는 데 큰 밑거름이 된다.

해답 B사

해설

A사와 B사의 ROE를 계산하자.

$$\text{A사: } \frac{700}{10{,}000} = 0.07 = 7\%$$

$$\text{B사: } \frac{500}{5{,}000} = 0.1 = 10\%$$

당기 순이익은 A사가 크지만, 자기 자본에 대한 당기 순이익의 비율인 ROE는 B사가 크므로, ROE를 기준으로 투자처를 따진다면 **B사**가 적합하다.

단위량당 크기

> **【문제 8】**
>
> 도쿄 23구 가운데 인구 밀도가 가장 높은 곳은 이케부쿠로가 있는 도시마구다. 도시마구의 인구 밀도가 22,396명/km^2(출처: 도시마구 구정 정보. 2024년 3월 1일 기준)일 때, 도시마구 주민 '1명당 면적'을 구하시오.

A사의 우유는 240엔이고 B사의 우유는 220엔이다. 이 가격만 보고 무작정 B사의 우유를 고르면 오히려 손해를 볼지도 모른다. 왜일까?

우유는 보통 900mL짜리와 1,000mL(1L)짜리가 있기 때문이다. 만약 A사의 240엔짜리 우유가 1,000mL고, B사의 우유가 900mL라면, 가격만 비교해봤자 의미가 없다.

여기서 등장하는 개념이 '단위량당 크기'다. 각 우유의 1mL당 가격을 계산해보자.

A사 (1,000mL에 240엔)

$$240(\text{엔}) \div 1{,}000(\text{mL}) = 0.24(\text{엔/mL})$$

B사 (900mL에 220엔)

$$220(\text{엔}) \div 900(\text{mL}) = 0.244\cdots(\text{엔/mL})$$

1mL당 가격으로 환산하면, A사의 우유가 저렴하다는 사실이 드러난다.

이처럼 **단위량당 크기를 구하면, 사물의 크기나 수량이 서로 다를 때 정확히 비교할 수 있다.**

단위량당 크기는 등분제

비율은 포함제였지만, 단위량당 크기를 구하는 나눗셈은 등분제다. 1,000mL에 240엔인 우유의 1mL당 가격을 계산하는 식 '240 ÷ 1,000'은 240엔을 1,000등분해 1mL당 가격을 구한 셈이다.

단위량당 크기 산출법

단위량은 1일, 1mL, 1km^{2}처럼 개수, 부피, 넓이 등을 측정하는 데 사용하는 기준을 말한다. 단위의 종류만큼 수많은 단위량이 있다. '1일당 판매 대수', '1mL당 가격', '1km^{2}당 인구수'처럼 '1단위당 ○○'으로 나타낸 수치가 **'단위량당 크기'**다.

보통 '단위량당 크기'는 아래의 계산식으로 구한다.

비교량 ÷ 단위가 되는 양 = 단위량당 크기

예) 거리 ÷ 시간 = 속력(1시간당 이동한 거리)

연간 지출 ÷ 가동 일수 = 1일당 지출

주행 거리 ÷ 휘발유량 = 연비(1L당 주행 거리)

쉽게 이야기하면, 비율은 같은 단위끼리 계산하고, **단위량당 크기는 서로 다른 단위를 나누어 계산한다.**

'단위량당 크기'를 계산하는 순서(나눗셈 순서)가 헷갈린다면 **단위에 주목**하면 된다. '○○당 크기'의 단위는 '~/○○의 단위'라는 식으로 '/'를 써서 표현한다.

$$(\sim/\text{○○의 단위}) = \frac{\sim}{\text{○○의 단위}}$$

'/'는 분수를 가리키는 기호이므로 '○○당 크기'를 알고 싶으면, ○○의 단위가 분모에 오도록 계산식을 세우면 된다.

예) 인구수(명) ÷ 면적(km^2)

$$= \frac{\text{인구수(명)}}{\text{면적}(km^2)} = 1km^2\text{당 인구수(명}/km^2)$$

주행 거리(km) ÷ 휘발유량(L)

$$= \frac{\text{주행 거리(km)}}{\text{휘발유량(L)}} = 1L\text{당 주행 거리(km/L)}$$

숫자의 의미를 쉽게 전달한다

본래 '단위량당 크기'는 사물을 정확히 비교하기 위한 방법이지만, 상대방에게 숫자의 의미를 쉽게 전달할 때도 강력한 힘을 발휘한다.

애플의 창업주인 **스티브 잡스(1955-2011)**는 아이폰이 출시 후 200일 동안 400만 대가 팔렸다는 사실을 '하루에 2만 대가 팔렸다'고 표현했다. 바로 다음의 계산식을 따른 결과다.

$$400\text{만}(\text{대}) \div 200(\text{일}) = 2\text{만}(\text{대}/\text{일})$$

이 식을 통해, 400만 대라는 가늠하기 어려운 숫자를 체감하기 쉽게 바꾸어, 놀라운 성과를 효과적으로 전달했다. 이처럼 **단위량당 크기를 적절히 사용하면, 청중에게 숫자의 의미를 알기 쉽게 전달할 수 있다.**

해답 약 $45m^2$/명(약 14평/명)

해설

보통 인구 밀도는 $1km^2$당 인구수를 말한다. 흔히 쓰는 '단위량당 크기'이기는 하지만, 도쿄 23구 가운데 가장 인구 밀도가 높은 도시마구의 인구 밀도가 22,396명/km^2라고 해도, $1km^2$가 얼마나 넓은지 와닿지 않는 이들이 많을 것이다.

따라서 더 익숙한 단위로 환산해 문제에서 요구한 '1명당 면적'을 구하고자 한다. 인구 밀도가 22,396명/km^2라는 말은, $1km^2$당 22,396명이 있다는 뜻이다. '1명당 면적'을 구해야 하니까, '명'이 분모에 오도록 계산해야 한다($1km^2 = 1km \times 1km = 1{,}000m \times 1{,}000m = 1{,}000{,}000m^2$임을 주의하라).

$$\begin{aligned} & 1(km^2) \div 22{,}396(\text{명}) \\ &= 1{,}000{,}000(m^2) \div 22{,}396(\text{명}) \\ &= 44.650\cdots(m^2/\text{명}) \\ &\fallingdotseq 45(m^2/\text{명}) \end{aligned}$$

1명당 약 45m^2가 나온다. 이번에는 '1평=3.3m^2'를 이용해 평수로 구해 보자.

$$44.650\cdots(m^2/\text{명}) \div 3.3(m^2/\text{평})$$
$$=13.530\cdots(\text{평}/\text{명})$$
$$\fallingdotseq 14(\text{평}/\text{명})$$

1명당 **약 14평**이다. 두 계산식을 통해 단위가 변환된다는 사실도 알 수 있다.

$$\frac{m^2}{\text{명}} \div \frac{m^2}{\text{평}} = \frac{m^2}{\text{명}} \times \frac{\text{평}}{m^2} = \frac{\text{평}}{\text{명}}$$

서로 다른 단위의 계산이 익숙해지면, **야구 평균자책점(투수가 한 시합당 내준 점수)**을 계산하는 방법도 이해할 수 있다.

예) 연간 180회(이닝)를 던져서 1년간 총실점이 45점일 때.

$$45(\text{점}/\text{년}) \div 180(\text{회}/\text{년}) \times 9(\text{회}/\text{시합})$$
$$=2.25(\text{점}/\text{시합})$$

단위만 따로 보면 아래와 같다.

$$\frac{\text{점}}{\text{년}} \div \frac{\text{회}}{\text{년}} \times \frac{\text{회}}{\text{시합}} = \frac{\text{점}}{\text{년}} \times \frac{\text{년}}{\text{회}} \times \frac{\text{회}}{\text{시합}} = \frac{\text{점}}{\text{시합}}$$

제 I 부

제 3 장

계산(암산) 요령 익히기

목표

암산을 못하는 사람이 암산을 잘하는 사람을 보면, 마치 특별한 능력이 있는 것처럼 느껴진다. 물론 어릴 때부터 주판으로 연습한 덕분에 세 자릿수 곱셈을 계산기보다 빠르게 암산해 내는 사람도 있지만, 그런 사람은 극히 소수에 불과하다. 암산에 능숙한 사람은 대부분 **알면 누구나 할 수 있는 요령**을 쓴다.

제3장에서는 그 요령 중 몇 가지를 골라 소개하고자 한다. 이 요령이 통하는 숫자를 만나면 계산이 훨씬 쉬워지고, 숫자에 **친근감**까지 들게 되어 숫자와 친해지는 계기가 될지도 모른다.

소수와 분수의 관계

【문제 9】

다음 식을 암산하시오.

(1) 72×125

(2) $13\div25$

계산을 잘하는 사람은 숫자에 고유한 성질이 있다고 느낀다. '계산하기 쉽다'는 인상도 그중 하나다. 대체 어떤 숫자가 계산하기 쉬울까? 여러 관점이 있는데, 우선 다음 그림에 나오는 '특별한 소수'와 분수의 관계를 살펴보자.

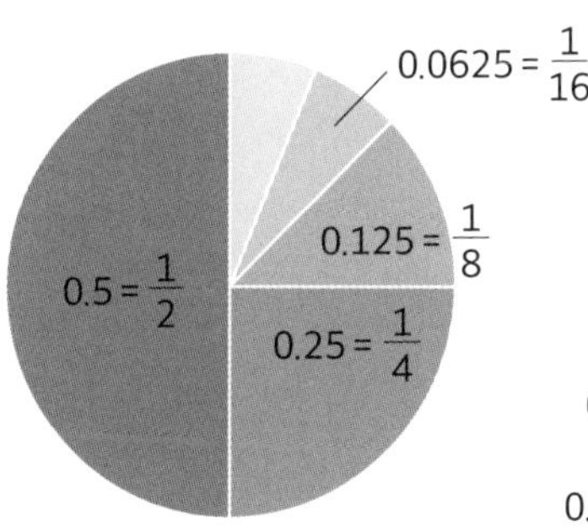

$$0.5=\frac{1}{2},\quad 0.25=\frac{1}{4},\quad 0.125=\frac{1}{8},\quad 0.0625=\frac{1}{16}$$

$$0.75=\frac{3}{4},\quad 0.375=\frac{3}{8},\quad 0.1875=\frac{3}{16}$$

넓이가 1인 원을 상상해보자. 그리고 그 원을 **반으로 나누어가는 것이다.** 그러면 넓이는 이렇게 줄어든다.

$$1\rightarrow\frac{1}{2}\rightarrow\frac{1}{4}\rightarrow\frac{1}{8}\rightarrow\frac{1}{16}\rightarrow\ \cdots$$

소수로 나타내면 다음과 같다.

$$1 \rightarrow 0.5 \rightarrow 0.25 \rightarrow 0.125 \rightarrow 0.0625 \rightarrow \cdots$$

분수와 소수를 비교해보자.

$$0.5 = \frac{1}{2},\ 0.25 = \frac{1}{4},\ 0.125 = \frac{1}{8},\ 0.0625 = \frac{1}{16}$$

이 관계를 기억해두고, 이번에는 위의 값을 앞 페이지 그림처럼 조합해 보자.

$$0.75 = \frac{3}{4},\ 0.375 = \frac{3}{8},\ 0.1875 = \frac{3}{16}$$

이렇게 분수와 소수를 자유자재로 다룰 수 있다면 계산은 한결 편해진다. 여기에 나오는 소수가 바로 **'특별한 소수'**다.

특별한 소수가 나오는 곱셈

바로 본론으로 들어가서, '특별한 소수'와 분수의 관계를 이용해 암산해보자.

먼저 **'특별한 소수가 나오는 곱셈'** 방법부터 소개하고자 한다. 순서는 다음과 같다.

【순서】

순서 1: 특별한 소수 찾아내기

순서 2: 분수로 바꾸어 계산

예) 36×25

$$36\times\underline{25}=36\times\underline{0.25\times100}=36\times\frac{1}{4}\times100=9\times100=900$$

예) 48×375

$$48\times\underline{375}=48\times\underline{0.375\times1000}=48\times\frac{3}{8}\times1000=18\times1000=18000$$

예시에서 볼 수 있듯이, 약분이 되면 계산은 훨씬 간단해진다. 약분이 되지 않더라도 '×25' 대신 '÷4'를 하고 '×100'을 하거나, '×375' 대신 '÷8'을 하고 '×3000'을 하는 편이 쉽다.

특별한 소수가 나오는 나눗셈

이번에는 **'특별한 소수가 나오는 나눗셈'**이다. 순서는 다음과 같으며, 핵심은 '역연산'이다.

【순서】

순서 1: 나눗셈을 분수로 바꾸기

순서 2: 특별한 소수를 생각하며 '역연산'

예) 9÷125

$$9\div125=\frac{9}{125}=\frac{9\times8}{\underline{125\times8}}=\frac{72}{\underline{1000}}=0.072$$

나는 나눗셈을 분수로 바꾸고, 분모와 분자에 '×8'을 하는 방법을 **'역연산'**이라고 부른다. '×8'을 하는 이유는 특별한 소수와 분수의 관계를 알고 있기 때문이다.

$$0.125=\frac{1}{8}\Rightarrow 125=\frac{1000}{8}\Rightarrow 125\times 8=1000$$

예) 21÷75

$$21\div 75=\frac{21}{75}=\frac{21\times 4}{75\times 4}=\frac{84}{300}=0.28$$

이 예시는 아래의 관계를 떠올리고, 분모와 분자에 '×4'를 한 것이다.

$$0.75=\frac{3}{4}\Rightarrow 75=\frac{300}{4}\Rightarrow 75\times 4=300$$

해답 (1) 9000 (2) 0.52

해설

(1) 72×125

'×125'를 보고 '특별한 소수가 나오는 곱셈'을 떠올려야 한다. 그다음 머릿속으로 이렇게 계산한다.

$$72\times 125=75\times 0.125\times 1000=72\times\frac{1}{8}\times 1000=9\times 1000=\mathbf{9000}$$

(2) 13÷25

'÷25'니까 '특별한 소수가 나오는 나눗셈'이다.

$$13 \div 25 = \frac{13}{25} = \frac{13\times4}{25\times4} = \frac{52}{100} = \mathbf{0.52}$$

분모와 분자에 '×4'를 하는 '역연산'은 아래의 관계를 따른 결과다.

$$0.25 = \frac{1}{4} \Rightarrow 25 = \frac{100}{4} \Rightarrow 25 \times 4 = 100$$

제곱수

【문제 10】

다음 식을 암산하시오.

(1) 26×24

(2) 33×29

숫자에 강한 사람은 **'제곱수'**에 민감하다. 제곱수란 16(=4^2=4×4)이나 25(=5^2=5×5)처럼 정수를 2번 곱한 숫자다. 넓이의 단위 'cm^2'를 '제곱센티미터'로 읽는 데서 알 수 있듯, '제곱'은 숫자를 2번 곱하는 것을 말한다.

구구단에 나오는 제곱수는 모두 익숙할 것이다.

$$1^2 = \mathbf{1},\ 2^2 = \mathbf{4},\ 3^2 = \mathbf{9},\ 4^2 = \mathbf{16},\ 5^2 = \mathbf{25},$$

$$6^2 = \mathbf{36},\ 7^2 = \mathbf{49},\ 8^2 = \mathbf{64},\ 9^2 = \mathbf{81}$$

물론 10^2=**100**이라는 사실은 굳이 외우지 않아도 알 것이다.

여기에 11^2~32^2의 값을 기억해두면 계산이 편해진다. 여러 상황에서 암산이나 어림셈하는 데 도움이 되기 때문이다.

11부터 32까지의 제곱수

제곱수	제곱수	제곱수
11×11=121	21×21=441	31×31=961
12×12=144	22×22=484	32×32=1024
13×13=169	23×23=529	
14×14=196	24×24=576	
15×15=225	25×25=625	
16×16=256	26×26=676	
17×17=289	27×27=729	
18×18=324	28×28=784	
19×19=361	29×29=841	
20×20=400	30×30=900	

왜 32^2 =**1024**까지 외워두는가 하면, **모든 세 자리의 제곱수**와 $32^2 = (2^5)^2 = 2^{10}$을 머릿속에 넣어두기 위해서다(2^{10} =1024를 2로 나누면 2^9 =512가 되고 한 번 더 나누면 2^8 =256이 된다는 사실을 바로 알 수 있다).

제곱수 암기가 도움이 될 때

제곱수를 암기해두고 그때그때 떠올리면 무엇이 좋을까? 한 변의 길이로 정사각형의 넓이를 구할 때나, 가로와 세로에 같은 개수로 놓인 물건의 총수를 계산할 때 즉시 답을 구할 수 있다.

또, 호텔을 예약할 때도 도움이 된다. 호텔 예약 사이트에는 방의 넓이가 나와 있는데, 이때 35m^2로 적혀 있다면 35와 비슷한 36이 6^2이라는 것을 떠올리고 '방이 정사각형이라면 한 변이 6m쯤 되겠네' 하고 짐작할 수 있다.

하지만 이런 생활 속 '실용적인 쓰임'보다 훨씬 더 중요한 것이 있다. 바로 '제곱수'라는 성질 덕분에 특정한 숫자가 도드라져 보인다는 점이다. 제곱수를 모른다면 아래와 같은 숫자는 그저 숫자의 나열일 뿐이다.

… ,141, 142, 143, 144, 145, 146, 147, 148, 149, …

제곱수를 안다면 어떨까?

… ,141, 142, 143, **144**, 145, 146, 147, 148, 149, …

'144'가 눈에 확 들어온다. 그러면 '아, 제곱수다!' 하고 마치 길거리에서 오랜 친구를 마주친 것처럼 반가운 기분까지 든다. 이런 경험이 쌓여 **숫자에 친근감**을 느끼게 되면 점점 숫자에 강해진다.

차가 짝수인 두 수의 곱셈

제곱수를 외워두면 '어떤 수의 제곱'을 암산할 때뿐만 아니라 다른 상황에서도 활용할 수 있다. 여기서는 그중 하나로, 차가 짝수인 두 수의 곱셈을 암산하는 요령을 소개하고자 한다.

【순서】

순서 1: 두 수의 합을 반으로 나눈다(평균 계산)

순서 2: 두 수의 차를 반으로 나눈다

순서 3: (순서 1의 값)^2 - (순서 2의 값)^2

이 요령을 사용하면 **'합과 차의 곱은 제곱의 차'**라는 전개 공식이 나온다.

$$(\boldsymbol{a}+\boldsymbol{b})(\boldsymbol{a}-\boldsymbol{b})=\boldsymbol{a}^2-\boldsymbol{b}^2$$

순서 1에서는 a에 해당하는 값을, 순서 2에서는 b에 해당하는 값을 계산한 셈이다.

예) 18×16

순서 1: $(18+16)\div2=17$

순서 2: $(18-16)\div2=1$

순서 3: $18\times16=(17+1)\times(17-1)=17^2-1^2=289-1=\mathbf{288}$

해답 (1) 624 (2) 957

해설

(1) 26×24

$(26+24)\div2=25$

$(26-24)\div2=1$

$\Rightarrow 26\times24=(25+1)\times(25-1)=25^2-1^2=625-1=\mathbf{624}$

(2) 33×29

$(33+29)\div2=31$

$(33-29)\div2=2$

$\Rightarrow 33\times29=(31+2)\times(31-2)=31^2-2^2=961-4=\mathbf{957}$

19단까지의 곱셈

【문제 11】

다음 식을 암산하시오.

(1) 14×13

(2) 19×16

세계적인 CEO(최고 경영자)나 임원진에 인도 출신 인재가 늘고 그 활약이 두드러지는 가운데, 인도 출신의 강점으로 매번 언급되는 특징이 바로 수학 실력이다. '인도인은 19단까지 외운다'는 말도, 그들의 뛰어난 수학 실력을 상징하듯 자주 회자된다(실제로 19×19까지 총 361개의 곱셈을 통으로 암기하는 사람은 인도인 중에서도 몇 없다고 한다).

최근에 일본에서는 19단까지의 곱셈을 암산하는 방법을 다룬 책이 베스트셀러에 오르기도 했다. 그만큼 19단까지의 곱셈을 암산하는 사람은 수학에 강하고 계산에 능하다는 인상을 준다.

그래서 여기서는 19단까지의 곱셈을 암산하는 방법을 소개하고자 한다.

이 방법은 숫자 애호가(계산 애호가) 사이에서 오래전부터 널리 알려진 방법이며, 조금만 연습하면 누구든 써먹을 수 있다.

19단까지의 곱셈을 암산하는 순서

【순서】

순서 1: 한 숫자의 일의 자리를 다른 숫자에 더한다

순서 2: 순서 1의 값을 10배 한다

순서 3: 순서 2의 값에 일의 자리 숫자끼리 곱한 값을 더한다

예) 16×13

순서 1: $16+3=19$

순서 2: $19\times10=190$

순서 3: $190+6\times3=190+18=\mathbf{208}$

위의 순서를 한 줄로 정리하면 다음과 같다.

$$16\times13=(16+3)\times10+6\times3=190+18=\mathbf{208}$$

이 방법이 통하는 이유

이 방법은 전개 공식을 이용한 식이며, 아래처럼 도식화할 수 있다.

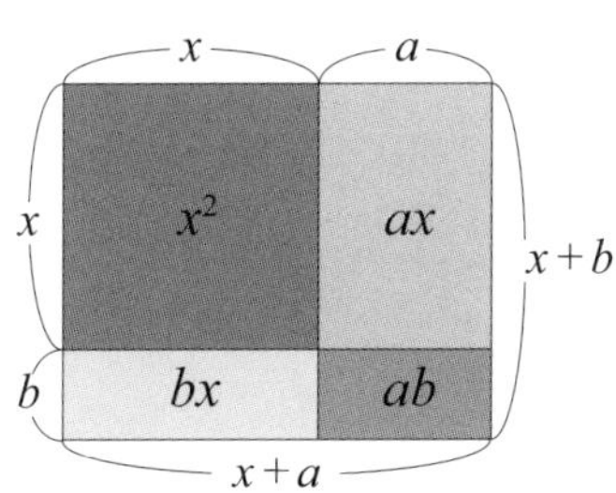

$$(x+a)(x+b)=x^2+ax+bx+ab$$

$$\Rightarrow \boldsymbol{(x+a)(x+b)=x^2+(a+b)x+ab}$$

여기에 $x=10$, $a=6$, $b=3$을 대입해보자(아래의 '·'은 '×'의 생략 기호다).

$$(10+6)(10+3)=\underline{10^2+(6+3)\cdot 10}+6\cdot 3$$

이 식에서 $10^2+(6+3)\cdot 10$을 10으로 묶는다.

$$\begin{aligned}&\underline{10^2+(6+3)\cdot 10}+6\cdot 3\\=&\underline{(10+6+3)\cdot 10}+6\cdot 3\\=&(16+3)\cdot 10+6\cdot 3\end{aligned}$$

그러면 16×13은 이렇게 계산된다.

$$16\times 13=(16+3)\cdot 10+6\cdot 3=190+18=\mathbf{208}$$

도식화하면……

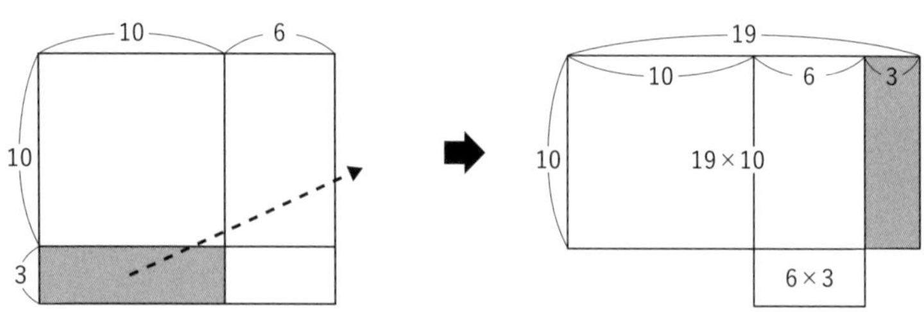

기억에 쉽게 남도록 도식화해보자.

16×13은 가로가 16, 세로가 13인 직사각형의 넓이다. 우선 앞의 그림처럼, 이 직사각형을 10×10짜리 정사각형과 나머지 직사각형으로 나눈다. 그리고 회색 부분의 직사각형을 옮기면, 가로가 19(=16+3), 세로가 10인 커다란 직사각형과, 가로가 6이고 세로가 3인 작은 직사각형이 생긴다.

이 두 직사각형의 넓이를 더한 값은 처음 직사각형의 넓이와 같으므로, 다음 식이 성립된다.

$$16 \times 13 = (16 + 3) \cdot 10 + 6 \cdot 3$$

해답 (1) 182 (2) 304

해설

순서를 떠올리며 계산해보자.

(1) 14×13

$$14 \times 13 = (14 + 3) \times 10 + 4 \times 3 = 170 + 12 = \mathbf{182}$$

(2) 19×16

$$19 \times 16 = (19 + 6) \times 10 + 9 \times 6 = 250 + 54 = \mathbf{304}$$

근삿값 구하는 법

【문제 12】

다음 식을 암산하시오.

(1) 69×64

(2) 2880×1.1

이번에는 정답에 아주 가까운 값을 **어림 계산**하는 방법을 소개하려 한다.

일상에서는 정확한 값까지 필요치 않은 경우가 종종 있다. 예를 들면, 이런 상황이다.

- 여행 경비를 얼추 계산할 때
- 엑셀로 계산한 '합계'가 올바른지(중간에 빠진 값이 없는지) 확인할 때
- 신상품의 정가를 정하며, 부가 가치세를 포함한 가격이 얼마인지 검토할 때
- 설문 결과에서 특정 선택지를 고른 사람이 전체 중 얼마를 차지하는지 알고 싶을 때

요즘에는 모두 스마트폰 계산기를 사용하므로, 아무리 암산이 능하다고 할지라도 시간이 소요되면 그다지 큰 도움이 되지 않는다. 오히려 '스마트폰을 쓰면 빠를 텐데' 하고 한 소리 들을지도 모른다.

그만큼 중요한 것이 속도다. 특히 예시처럼 정확한 값이 필요하지 않은 상

황에서는 스마트폰을 꺼내는 시간보다 빠르게 '근사한 값'을 계산하는 능력이 요구된다.

물론 적당히 반올림해서 유효 숫자(87쪽) 1자리끼리 계산하는 방법도 있지만, 여기서는 그보다 조금 더 정확한 값을 계산하는 방법을 소개한다.

근삿값 간의 곱셈

근삿값끼리 곱할 때는 양쪽에 같은 수를 더하고 빼서 한 숫자를 계산하기 쉬운 숫자로 바꾸어 근삿값을 구할 수 있다.

예) 48×47

$$48 \times 47 \rightarrow (48 + 2) \times (47 - 2) = 50 \times 45 = 2250$$

2를 더했으므로
2를 뺀다

오차 0.3% 이하

$$48 \times 47 = 2256$$

예시에서는 48에 '2'를 더해 50을 만들고, 47에서 같은 수인 '2'를 뺐다. 48 ×47을 정확히 계산하면 2256이므로, 근삿값으로 계산한 결과와 오차가 0.3%도 나지 않는다. 정확도가 꽤 높은 셈이다.

단, 98 ×23처럼 두 숫자의 차가 클 때는 주의해야 한다.

$$98 \times 23 \rightarrow (98 + 2) \times (23 - 2) = 100 \times 21 = 2100$$

98 ×23의 정확한 값은 2254이므로, 근삿값과 비교하면 오차가 7%로 꽤 큰 편이다.

'거의 역수'의 이용

수학에서는 **A×B=1**일 때, B는 A의 **역수**라고 부른다(A는 B의 역수이기도 하다).

$$2 \times \frac{1}{2} = 1$$

위의 식에서 $\frac{1}{2}$은 2의 역수다. $\frac{1}{2}=0.5$이므로, 0.5는 2의 역수이기도 하다. 보통 A와 B가 역수 관계일 때, 어느 수를 A로 나누는 것은 B를 곱하는 것과 같다.

예) $18 \div 2 = 18 \times 0.5 = 9$

0.5는 2의 역수이므로, 2로 나누는 대신 0.5를 곱해도 정답은 똑같다. 물론 반대로 0.5를 곱하는 대신 2로 나누어도 결과는 마찬가지다.

여기서 강조하고 싶은 부분은, **역수를 이용하면 곱셈↔나눗셈 변환이 자유로워진다**는 점이다. 역수를 쓰면 **복잡한 곱셈이 간단한 나눗셈으로 바뀌고, 복잡한 나눗셈이 간단한 곱셈이 된다.**

$$0.5 = \frac{1}{2} \Rightarrow 2 \times 0.5 = 1,\ 0.25 = \frac{1}{4} \Rightarrow 4 \times 0.25 = 1,$$

$$0.125 = \frac{1}{8} \Rightarrow 8 \times 0.125 = 1,\ 0.0625 = \frac{1}{16} \Rightarrow 16 \times 0.0625 = 1$$

61쪽에서 소개한 '특별한 소수'와 분수의 관계를 기억하면 2, 4, 8, 16의 역수가 0.5, 0.25, 0.125, 0.0625라는 점을 알 수 있다(앞의 식 참조). 단, 이 값들이 나오는 곱셈과 나눗셈은 '소수와 분수의 관계'에서 소개한 방법이 훨씬 쉬우므로, 그 방법을 사용하는 편이 좋다.

여기서는 정확히 따지자면 역수는 아니지만 '거의 역수'인 숫자를 이용해 근삿값을 암산하는 방법을 설명하고자 한다. 특히, 계산에 자주 나오는 11~19의 '거의 역수'인 소수를 외워두면 편리하다.

거의 역수 표

		오차		곱한 결과
		2% 이내	3~8%	
11	⇆	0.09		11×0.09=0.99 (오차 1%)
12	⇆		0.08	12×0.08=0.96 (오차 4%)
13	⇆		0.08	13×0.08=1.04 (오차 4%)
14	⇆	0.07		14×0.07=0.98 (오차 2%)
15	⇆		0.07	15×0.07=1.05 (오차 5%)
16	⇆		0.06	16×0.06=0.96 (오차 4%)
17	⇆	0.06		17×0.06=1.02 (오차 2%)
18	⇆		0.06	18×0.06=1.08 (오차 8%)
19	⇆		0.05	19×0.05=0.95 (오차 5%)

위의 표를 보자.

12와 13의 역수는 둘 다 0.08

14와 15의 역수는 둘 다 0.07

16과 17과 18의 역수는 모두 0.06

다소 허술해 보이지만 **목표는 빠르고 대략적인 암산**이므로 이 값으로도 충분하다.

표의 '오차'는 곱셈 결과가 1에서 얼마나 벗어났는지를 보여준다. $11 \times 0.09 = 0.99$는 1과의 오차가 1%지만, $12 \times 0.08 = 0.96$은 1과의 오차가 4%다. 오차가 가장 큰 수는 $18 \times 0.06 = 1.08$로, 오차가 8%다. 참고로, $18 \times 0.055 = 0.99$로 오차가 1%이므로, 암산이 가능하면 18의 '거의 역수'는 0.055로 계산하는 편이 좋다.

예) 42×14

$$42 \times 14 \rightarrow 42 \div 0.07 = \frac{42}{0.07} = \frac{4200}{7} = 600$$

'×14' 대신 14의 거의 역수인 0.07을 써서 '÷0.07'로 계산했다. 수식은 위와 같지만, 실제로 암산할 때는 아래의 과정을 따랐다.

1. 42×14의 결과가 세 자릿수임을 확인(반올림한 식 $40 \times 10 = 400$으로 유추)
2. '$42 \div 7 = 6$'을 암산
3. 세 자릿수이므로 답은 600

정확히 계산하면 '$42 \times 14 = 588$'이므로, 근삿값 600과의 오차는 약 2%다.

예) 103÷16

$$103 \div 16 \rightarrow 103 \times 0.06 = 6.18$$

이번에는 '÷16' 대신 16의 거의 역수인 0.06을 써서 '×0.06'으로 바꾸었다. 실제로는 이렇게 암산했다.

1. 103 ÷16의 결과가 한 자릿수임을 확인(반올림한 식 100 ÷20 =5로 유추)
2. '103 ×6 =618'을 암산
3. 정수가 한 자리이므로 정답은 6.18

해답 (1) 약 4410 (2) 약 3200

해설

(1) 69×64

69 × 64 ⟶ (69 +1) × (64−1) = 70 × 63 = **4410**

69에 '1'을 더해 70을 만들었으므로, 64에 '1'을 빼서 63으로 계산한다. 정확한 결괏값(69 × 64 = 4416)과의 오차는 0.1% 정도다.

(2) 2880×1.1

$$2880 \times 1.1 \rightarrow 2880 \div 0.9 = \frac{2880}{0.9} = \frac{28800}{9} = \mathbf{3200}$$

11의 '거의 역수'는 0.09이므로, 1.1의 '거의 역수'는 0.9다. **1.1⇄0.9의 '거의 역수' 관계**는 부가 가치세 10%가 빠진 가격에서 부가 가치세가 포함된 가격을 얼추 계산할 때 유용하다.

이 계산도 실제로는 이렇게 암산했다.

1. 2880 × 1.1은 네 자릿수임을 확인(2880에 288을 더해도 네 자리일 것으로 유추)
2. '288 ÷ 9 = 32'를 암산
3. 네 자리이므로 정답은 3200

정확한 결괏값은 2880 × 1.1 = 3168이다(오차 약 1%).

주) '○×1.1'의 계산은, 숫자 ○의 일의 자리 숫자를 없앤 값을(숫자 ○의 $\frac{1}{10}$을) 원래 숫자 ○에 더하면 구할 수 있으므로(소수점 위치에 주의), 덧셈이 복잡하지 않으면 '거의 역수'를 써서 근삿값을 구하지 않아도 된다.

제 I 부

제 4 장

수치화 귀신 되기

목표

말할 필요도 없이 숫자가 지닌 **논리성, 객관성, 설득력**은 사물을 수학적으로 바라보는 데 중요한 기준이 된다. 물론 누군가가 제시한 숫자의 의미를 파악하는 것도 중요하지만, 수학적 의사 결정을 내리려면 무엇보다 스스로 숫자를 만들어 내는 능력이 있어야 한다.

따라서 제4장에서는 질적인 정보에 수치를 매기는 **정량화**, 근삿값을 추정하는 **페르미 추정**, 큰 수의 의미를 이해하기 쉽게 바꾸는 **스케일 다운** 등 **직접 숫자를 만드는 방법**을 중심으로 살펴본다.

정량화

【문제 13】

'고객 서비스의 질이 높은 매장은 직원의 응대 역량과 고객 만족도가 모두 높다'는 정성적 정보를 정량화하시오.

목표를 달성하거나 생산성을 향상하는 데 효과적이라는 **MORS의 법칙**을 아는가? MORS의 법칙은 인간의 행동을 체계적이고 종합적으로 연구하는 **행동 과학**에서 '행동은 무엇인가'를 정의하는 조건이다.

'MORS'는 다음 네 조건의 머리글자를 딴 용어다.

- Measured(측정할 수 있다) → 수치화된다
- Observable(관찰할 수 있다) → 객관적이다
- Reliable(신뢰할 수 있다) → 재현성이 있다
- Specific(명확하다) → 구체적이다

일반적으로 보면 '매일 산책한다'는 '행동'이다. 하지만 행동 과학에서는 '행동'으로 보지 않는다. MORS의 법칙에 들어맞지 않기 때문이다.

우선 산책하는 시간과 거리가 나와 있지 않으므로 수치화할 수 없고(측정할 수 없고), '산책'이 어느 정도의 속도로 걷는 것을 말하는지 불명확하므로 객관성이 떨어진다(관찰할 수 없다).

또, '매일'이 아무리 날씨가 좋지 않아도 간다는 말인지, 비가 많이 오거

나 천둥 번개가 내리치면 가지 않는다는 말인지 분명하지 않다. 따라서 사람마다 다른 '행동'이 될 가능성이 있으므로 재현성이 없다(신뢰할 수 없다). 이처럼 '매일 산책한다'는 전반적으로 구체성이 부족한(명확하지 않은) 표현이다.

그러면 '행동'으로 바꾸려면 어떻게 해야 할까?

'매일 아침 7시에 시간당 강수량이 1mm 이하일 경우, 7시부터 30분간 집에서 공원까지 1km 거리를 왕복한다'고 하면 행동이 된다. 이렇게 자세히 표현해야 MORS의 네 조건을 만족한다.

정성적과 정량적

MORS의 법칙에서 가장 중요한 조건은 바로 'M'인 Measured(측정할 수 있다)일 것이다. 측정할 수 있다는 말은 수치화된다는 뜻이고, 수치로 나타내면 객관성과 재현성이 갖추어져 구체적인 정보가 되기 때문이다.

비즈니스 현장에 서본 사람이라면 한 번쯤 **'정성적으로 말고, 정량적으로 표현해주세요'**라는 말을 들어본 적 있을 것이다. **정성적은 '물질의 상태를 불연속적인 성질의 변화에 주목해 파악하는 것'**으로 정의하며, **정량적은 '물질의 상태를 연속하는 수치의 변화에 주목해 파악하는 것'**으로 정의한다.

예를 들어, 'A는 공부를 열심히 하는데, B는 열심히 하지 않는다'는 표현은 정성적이다. '열심히 한다'와 '열심히 하지 않는다'를 명확히 다른 상태로 파악하며, 그사이의 연속적인 변화와 정도의 차이는 무시하기 때문이다. 반면, 'A는 하루에 5시간 공부하는데, B는 30분밖에 하지 않는다'고 하면, 시간은 연속하는 수치의 변화이므로 정량적인 표현이다.

예시에서 알 수 있듯 정성적이란 '수치·수량으로 나타낼 수 없는 것', 정량적이란 '수치·수량으로 나타낼 수 있는 것'으로 바꾸어 말할 수 있다.

정량적이 되어라

성질로만 표현할 수 있다고 여겨지는 사항을 수치나 수량으로 나타내는 일을 '정량화'라고 한다. 앞선 예시처럼 '열심히 한다'는 상태를 시간으로 보여주는 것도 정량화다.

시험을 망치고 '다음에는 더 열심히 하자'고 결심해놓고 그다음 시험도 망친 경험은 누구나 한 번쯤 있을 것이다. 정성적으로 결심한 탓에 구체적인 행동으로 연결하지 못했기 때문이다.

반면 '공부 시간을 1시간씩 늘려야지. 그리고 시험 2주 전부터 1시간씩 더 늘리고 1주 전에는 문제집을 몽땅 풀어야겠다'고 다짐하면 (그리고 실천하면) 결과는 분명히 달라진다. 다짐을 정량화해 행동이 명확해졌기 때문이다.

정량화하면 MORS의 법칙에 들어맞는 '행동'으로 이어지므로, 생산성이 높아지고 목표를 달성할 수 있다. 이것이 '정량적이 되어라'라는 말의 진정한 의미다.

예시 해답

해답은 다양하다. 여기서는 고객 서비스의 질(CSQ, Customer Service Quality)을 (직원의) 응대 역량과 고객 만족도로 정의했다.

CSQ = 응대 역량 × 고객 만족도

응대 역량과 고객 만족도를 다음과 같이 분해했다.

응대 역량 = 문제 해결 능력+소통 능력

고객 만족도=만족도+재이용 의사

각 항목에 점수를 매겼다.

[문제 해결 능력]

- 신속히 문제를 해결한다…2점
- 시간은 걸리지만 문제를 해결한다…1점
- 해결하지 못한다…0점

[소통 능력]

- 설명이 이해하기 쉽고 친절하다…2점
- 설명은 어렵지만 친절히 설명하려고 노력한다…1점
- 설명이 어렵고 친절하지 않다…0점

[만족도]

- 만족…2점
- 보통…1점
- 불만족…0점

[재이용 의사]

- 다시 이용하고 싶다…2점
- 이용해도 좋다…1점
- 이용하고 싶지 않다…0점

예) 문제 해결 능력: 1점

소통 능력: 2점

⇒ 응대 역량: 1+2 =3(점)

만족도: 2점

재이용 의사: 1점

⇒ 고객 만족도: 2+1 =3(점)

CSQ = 응대 역량 × 고객 만족도 = 3 × 3 = 9(점)

해설

응대 역량과 고객 만족도를 더하지 않고 곱한 이유는, 한쪽이 높더라도 다른 한쪽이 0점이면 CSQ가 0점이라는 사실을 나타내고 싶었기 때문이다. 또, '응대 역량=문제 해결 능력+소통 능력', '고객 만족도=만족도+재이용 의사'로 **분해**한 점도 주목하라.

가능한 한 작은 부분으로 분해할수록 정량화 내용이 정교해지므로 결과를 분석하거나 개선점을 도출하기가 한결 수월해진다.

유효 숫자와 친해지기

【문제 14】

엑셀 표 안에 '7.595E+8'이라는 값이 있다. 이 값은 얼마인가?

100g 단위까지 표시되는 디지털 체중계에 올라갔을 때, '72.3kg'이 나왔다고 몸무게가 72.30000…kg(소수점 아래 둘째 자리 0이 무한히 이어지는 수, 즉 끝수가 정확히 300g인 수)이라고 생각하는 사람은 없다. 체중계에 표시된 '72.3kg'은 소수점 아래 둘째 자리를 **반올림**한 값이며, 정확히 말하면 '72.25kg 이상 72.35kg 미만'이다.

이런 오차에는 측정할 때 발생하는 측정 오차, 계산할 때 발생하는 계산 오차, 통계할 때 발생하는 표준 오차 등이 있다. 빛의 속도처럼 정확한 값이 정의된 경우를 제외하고, **이 세상에 존재하는 모든 수치는 오차를 가진다.**

유효 숫자의 기초

측정값이나 계산값에서 신뢰할 수 있는 숫자를 유효 숫자라고 하며, **유효 숫자**의 개수를 **유효 자릿수**라고 한다. 체중계에 표시된 숫자를 보면 유효 숫자는 72.3(kg)이고, 유효 자릿수는 3자리다. 여기서 **마지막 숫자는 그 뒷자리에서 반올림한 값이므로 오차를 포함한다**(측정값이 72.3kg이면 정확한 값은 72.25kg 이상 72.35kg 미만)는 점을 주의하라.

숫자가 소수점 아래까지 이어질 때는 유효 자릿수를 파악하기 쉽지만, '8,000만 년 전의 화석'처럼 정수로 제시된 값은 유효 자릿수가 몇 자리인지 판단하기 어렵다는 단점이 있다. 그래서 8,000만 = 80,000,000(0이 7개) 같은 숫자는 유효 자릿수를 알아볼 수 있게 표기한다.

8×10^7(유효 숫자 1자리)

8.0×10^7(유효 숫자 2자리)

8.00×10^7(유효 숫자 3자리)

이런 표기법을 **과학적 표기법**이라고 한다. 과학적 표기법은 보통 $m \times 10^n$으로 나타내며, **m의 자릿수가 유효 자릿수다.**

이 표기법은 유효 자릿수를 파악하기 쉬울 뿐 아니라, 숫자가 큰 경우 10^n의 n을 보고 숫자가 총 몇 자리인지 알 수 있으므로 익숙해지면 상당히 편리하다.

유효 숫자의 효과

유효 숫자를 파악하고, 과학적 표기법을 이용해 명확히 나타낼 때의 효과를 정리했다.

① 신뢰도 상승

비즈니스 현장에서는 수많은 정보와 수치를 이용한다. 이 수치의 정확도는 정보의 신뢰도를 높이는 데 상당히 중요하다. 유효 숫자를 나타내면 수치의 정확도가 분명해지므로 정보 제공자를 향한 신뢰도가 높아진다.

이를테면, 프로젝트 견적이나 예상 매출액을 산정할 때, 유효 숫자를 적절히 활용하면 견적의 근거가 명확하다는 사실이 드러난다. 따라서 고객과 상사의 신뢰를 얻을 수 있다.

② 오해 방지

유효 숫자를 알맞게 사용하면, 수치가 가진 의미와 정확도가 분명히 전달된다. 따라서 정보를 전달받은 사람이 수치를 정확히 해석해, 오해의 소지가 줄어든다.

이를테면, 매출액 증가율을 '3.456%'와 '3%'로 제시할 때의 느낌은 확연히 다르다. 전자는 정밀한 계산의 결과라는 느낌을 주고, 후자는 어림짐작한 수치라는 인상을 준다.

③ 효율화

효율을 높이는 데도 도움이 된다. 지나치게 정밀한 값을 이용하면, 계산하거나 검증하는 데 부담이 된다.

이를테면, 재고 관리나 생산 계획을 세우는 데 지나치게 자세한 숫자를 쓰면 관리하기 복잡해지기 마련이다. 따라서 유효 숫자를 적절히 활용해 필요한 만큼만 정확한 수치를 사용하면, 불필요한 낭비가 줄며 정보를 전달하고 이해하기가 한층 수월해진다.

유효 숫자 계산

유효 자릿수가 서로 다른 값을 계산하는 방법도 살펴보자.

유효 숫자가 3자리인 1.23과 유효 숫자가 2자리인 4.5를 더하면 어떨까? 각 숫자의 끝수인 '3'과 '5'가 오차를 포함한다는 점에 주의해야 한다.

계산값의 유효 자릿수

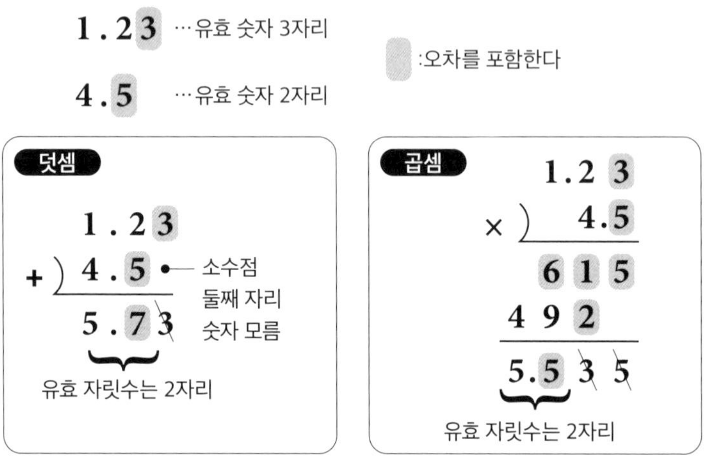

계산에서 알 수 있듯, 유효 숫자끼리 더할 때는 숫자 중에 소수점 아래의 자릿수가 가장 작은 것(위의 식에서는 4.5의 소수점 아래 첫째 자리)까지만 의미가 있다. 결괏값에서 얻을 수 있는 유효 숫자는 2자리다(뺄셈도 마찬가지다). 오차를 포함한 숫자끼리 더하거나 곱한 결과는 신뢰도가 떨어지기 때문에, 곱셈에서도 유효 숫자는 2자리가 된다(나눗셈도 마찬가지다).

결국, **유효 자릿수가 다른 수를 계산할 때, 정확도를 결정하는 것은 가장 정확도가 낮은 숫자다.**

해답 759,500,000(7억 5,950만)

해설

엑셀이나 공학용 계산기로 큰 숫자를 다룰 때나 통계 자료를 참고할 때,

'7.595E+8'처럼 표시된 숫자를 본 적 있을 것이다. 여기서 'E+8'은 10^8을 의미한다. 즉, 다음과 같다.

7.595E+8 = 7.595×10^8 = **759,500,000(7억 5,950만)**

참고로 E는 '지수'를 뜻하는 'exponent'의 머리글자를 딴 것이다. '지수'란 $2 \times 2 \times 2$를 2^3으로 쓸 때 '3'을 말한다. 같은 수를 여러 번 곱하는 것을 '거듭제곱'이라고 하므로 '지수'를 '거듭제곱의 지수'로 부르기도 한다.

큰 수 다루는 법

【문제 15】

다음 숫자의 읽는 방법을 선택지에서 고르시오.

(1) 1,000,000

(가) 십만

(나) 백만

(다) 천만

(2) 3,000,000,000

(가) 삼백만

(나) 삼천만

(다) 삼십억

(3) 50,040,002,000,000

(가) 오조 사억 이백만

(나) 오십조 사백억 이백만

(다) 오백조 사천억 이백만

한국식 숫자 세기와 영미식 숫자 세기

자릿수가 많을 때, 세 자리마다 쉼표(,)를 찍는다. 영미식 숫자에서 thousand(천), million(백만), billion(십억), trillion(일조), quadrillion(천조)처럼 세 자리씩 늘어날 때마다 수사가 달라지기 때문이다. 덧붙여 'bi-', 'tri-', 'quadri-'는 각각 '2개', '3개' ,'4개'를 뜻하는 라틴어에서 유래한 접

두사다.

반면 한국에서는 만, 억, 조처럼 네 단위로 끊어서 세므로 쉼표로 표시된 숫자를 읽는 데 어려움을 겪는 이들도 있다. 쉼표가 붙은 큰 수를 빨리 읽는 요령은 **쉼표 2개(0이 6개)를 백만으로 외워두는 것**이다. 또 **쉼표가 하나씩 붙을 때마다** 천, 백만, 십억, 일조로 늘어나고, 수사에 따라붙는 숫자는 **천→백→십→일처럼 한 자리씩 작아진다**는 점을 알아두면 '일, 십, 백, 천, 만, … ' 하고 하나씩 셀 필요가 없다.

백만의 백만 배($10^6 \times 10^6 = 10^{12}$)는 일조라는 것도 알아두면 좋다. 그러면 **쉼표가 4개(0이 12개)면 일조**라는 사실이 곧바로 파악된다.

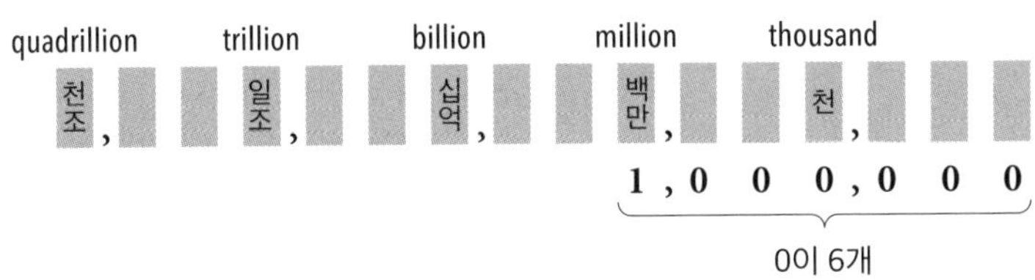

수사를 이용해 숫자를 나타내는 방법을 **명수법**이라고 하며, 영미권에는 크게 short scale과 long scale 두 종류가 있다. 현재는 세 자리씩 끊어 세는 short scale을 주로 사용한다. 한때 영국에서는 여섯 자리씩 끊어 세는 long scale을 이용한 시기도 있었기 때문에, billion을 일조로 읽기도 하므로 주의해야 한다.

해답

(1)…(나) 백만

(2)…(다) 삼십억

(3)…(나) 오십조 사백억 이백만

해설

(1) 1,000,000

'쉼표 2개면 백만'을 떠올리면 주저 없이 읽을 수 있다.

(2) 3,000,000,000

'쉼표가 늘 때마다 천→백만→십억→일조'를 떠올리면 '삼십억'임을 알 수 있다.

(3) 50,040,002,000,000

'쉼표 4개면 일조'를 떠올려 '오십조'를 확인한 다음에, '쉼표가 늘 때마다 천→백만→십억→일조'를 떠올려 '사백억'을 읽고, 마지막으로 '쉼표 2개면 백만'을 떠올려 '이백만'을 읽으면 된다.

페르미 추정

> **【문제 16】**
>
> 마트나 편의점에서 비닐봉지를 사지 않고 장바구니를 이용하면, 1년간 비닐봉지가 얼마나 절약되는지 대략 계산하시오.

페르미 추정을 아는가?

페르미 추정이란 쉽게 말해서 **'근삿값'을 논리적으로 추정하는 방법이다.** 한때 구글과 마이크로소프트 같은 기업의 입사 시험에서 '도쿄에는 맨홀이 몇 개 있는가?'라는 식의 질문을 출제해 관심을 끌었다.

페르미 추정을 이용한 문제를 출제하면 지원자가 논리적 사고력을 갖추었는지 판단할 수 있으므로, 최근에 수많은 기업에서 입사 시험에 이런 유형의 문제를 출제하고 있다. 앞으로 설명하겠지만, 업무 현장이나 실생활에서도 '근삿값을 추정하는' 능력은 중요하므로 이번 기회에 부디 그 요령을 얻어가기를 바란다.

'근삿값' 추정의 달인 엔리코 페르미

'페르미 추정'이라는 이름은 노벨 물리학상을 받은 **엔리코 페르미**(1901-1954)에서 유래되었다. 페르미는 이론 물리학자로서도 실험 물리학자로서도 놀라운 성과를 남겼다.

페르미는 폭탄이 터질 때 휴지를 떨어뜨려 폭풍에 날아다니는 휴지의 궤적을 보고 폭탄의 화약량을 추정했다고 한다. 천재 물리학자 페르미는 '근삿값' 추정의 달인이었던 셈이다.

'근삿값' 추정의 의의

거시 경제학을 확립한 **존 메이너드 케인스**(1883-1946)는 이렇게 말했다.

> **'I'd rather be vaguely right than precisely wrong.'**
>
> **(나는 정확히 틀리기보다 얼추 맞는 편이 좋다.)**

물론 정확한 값이 필요한 상황도 있다. 그럴 때는 국가 기관이 발표한 통계 자료나 학자가 작성한 논문을 참고해, 정확한 수치를 제시해야 한다. 하지만 이런 작업은 시간과 품이 많이 든다. 게다가 통계적으로 산출된 수치는 확률 요소를 포함하므로, 시간과 노력을 들여 구한 숫자가 '반드시 옳은 숫자'라고 단정하기는 어렵다. 아무리 정확한 숫자를 구하려고 해도 결국 틀린 숫자가 되는 상황이 생기는 셈이다. 이것이 **'정확히 틀린다'**는 말의 의미다.

반면 '페르미 추정'으로 구한 '근삿값'은 대체로 자릿수가 다를 정도로 차이가 크게 나지는 않는다. 이것이 **'얼추 맞는다'**는 말의 의미다.

대략적인 수량이나 크기를 알면 적당히 판단되거나 대화 내용이 이해되는 상황은 비일비재하다.

이를테면, 신규 사업 기획 회의에서 브레인스토밍(자유로운 아이디어 제시)을 할 때는 여러 시장의 규모를 그 자리에서 어림잡아 계산하는 능력이 요구된다. 또 일상에서도 문제집 한 권을 푸는 데 걸리는 시간이나 목표 체중에 도달하기까지 필요한 다이어트 기간을 어림 계산할 때도 추정은 유용하다.

페르미 추정의 순서

① 분해(모델화)

↓

② 아는 정보 활용

↓

③ 각 항목의 추정량 결정

↓

④ 계산

↓

⑤ 결과 검증

페르미 추정의 순서를 흐름도로 정리했다. 예문을 풀면서 자세히 들여다보자.

예) 일본의 연간 도서(잡지 포함) 판매액은 얼마인가?

① 분해(모델화)

우선, 구하고자 하는 '근삿값'을 계산하려면 어떤 항목으로 분해해야 하는지 고민해야 한다.

페르미 추정으로 구한 값과 실젯값 사이의 **오차는 항목의 수가 많을수록 작아진다.** 왜 그럴까?

추정량을 결정할 때, 모든 항목이 전부 다 지나치게 크거나 지나치게 작은 경우는 드물기 때문이다. 항목이 많으면 과도하게 큰 추정량과 작은 추정량이 상쇄되어 알맞게 균형을 이룬다.

이번 예시에서는 '일본의 연간 도서 판매액'을 다음과 같이 분해했다.

일본의 연간 도서 판매액

= 일본 인구수

× 독서 습관이 있는 인구의 비율

× 책 1권당 평균 판매가

× 독서 습관이 있는 사람 1명당 연간 구매 권수

연간 도서 판매액을 결정하는 요소는 이 외에도 다양하다. 경기나 생활 습관을 더하거나 세대별이나 종류별로 가중치를 적용해 평균을 구해도 좋다. 앞서 말했듯 '오차는 항목 수가 많을수록 작아지므로' 다양한 항목을 추가하는 것은 의미가 있다. 다만, 지나치게 많은 요인을 고려하면 식을 세우기 복잡해진다. 따라서 과감하게 **(불필요한 부분은 빼고) 모델화하는 용기도 필요**하다.

결괏값과 너무 달라서 창피를 당할까 봐 걱정이라면, 케인스의 말을 떠올리자. **'자릿수만 맞으면 되지!'** 하고 마음을 편하게 먹은 뒤 계산을 시작해보자.

② 아는 정보 활용

①에서 결정한 항목 가운데, 상식으로 알고 있는 정보가 있다면 적용하라.

만약 '일본 인구수'를 안다면, 하나는 해결된 셈이다.

- 일본 인구수 = **12,000만 명(1억 2,000만 명)**

③ 각 항목의 추정량 결정

드디어 각 항목의 추정량을 결정할 순간이다. 핵심은 '얼마나 과감해지느냐'다.

이번 예시에서는 아래처럼 생각했다.

- **독서 습관이 있는 인구의 비율**

  사람들이 점점 글자에서 멀어지고 있다지만, 학습 참고서, 사진집, 잡지, 만화까지 분야를 넓히면, 독서 습관이 있는 사람들은 청소년층부터 노년층까지 여전히 많다(그렇게 믿고 싶다). 그래서 **독서 습관이 있는 인구 비율을 70%**로 산정했다.

- **책 1권당 평균 판매가**

  주간지는 400~500엔, 단행본은 1,500엔으로 보고, 실젯값과 차이는 있겠지만 과감하게 **책 1권당 평균 판매가를 1,000엔**으로 잡았다(고민될 때는 계산하기 쉬운 숫자로 정하면 좋다).

- **독서 습관이 있는 사람 1명당 연간 구매 권수**

  매주 주간지를 사는 사람이 있는가 하면, 1년에 1~2권을 사는 사람도 있다. 또 좋아하는 만화책이 출간되는 족족 사는 사람도 적지 않을 것이다. 따라서 독서 습관이 있는 사람 1명당 연간 구매 권수는 한 달에 1~2권으로 보고 **1년에 20권**으로 잡았다.

④ 계산

①에서 세운 계산식에 ②와 ③의 값을 대입해 푼다.

일본의 연간 도서 판매액

=일본 인구수

×독서 습관이 있는 인구의 비율

×책 1권당 평균 판매가

×독서 습관이 있는 사람 1명당 연간 구매 권수

=12000만(명)

×70(%)

×1,000(엔)

×20(권)

=16,800억(엔)

⑤ 결과 검증

페르미 추정으로 값을 구했으면 공식 통계 자료를 찾아 검증을 해보자. 이때 추정한 값과 실젯값의 오차가 작으면(자릿수가 같다면) 추정을 올바르게 했다는 자신감이 붙는다. 반대로 **오차가 크더라도 추정 방법을 수정하거나 미처 생각하지 못한 사실을 발견하는 계기가 될지도 모른다.**

참고로, 일본 공익사단법인 전국출판협회·출판과학연구소가 발표한 출판 시장 조사에 따르면, 2023년에 종이책과 전자책을 더한 출판물의 추정 판매 금액은 15,963억 엔(1조 5,963억 엔)이다. 추정값이 16,800억 엔이었으니 올바르게 추정한 셈이다.

예시 해답 780엔

해설

① 분해(모델화)

1년 동안 절약할 수 있는 금액

= 장을 1번 볼 때 사용하는 비닐봉지 수

× 비닐봉지 1장당 금액

× 주당 장 보는 횟수

× 1년의 주 수

② 아는 정보 활용

- 1년의 주 수 = 52주

③ 각 항목의 추정량 결정

경험을 바탕으로 이렇게 정했다.

- 장을 1번 볼 때 사용하는 비닐봉지 수 = 1장
- 비닐봉지 1장당 금액 = 3엔
- 주당 장 보는 횟수 = 5번

④ 계산

1년 동안 절약할 수 있는 금액

= 장을 1번 볼 때 사용하는 비닐봉지 수

× 비닐봉지 1장당 금액

× 주당 장 보는 횟수

× 1년의 주 수

=1(장)×3(엔)×5(번)×52(주)

=**780(엔)**

⑤ 결과 검증

일본의 행정 조직인 환경성이 2020년에 추산한 결과에 따르면 비닐봉지 유통량은 연간 20만 톤이다. 비닐봉지 무게는 평균 약 7g이므로, 장 수로 따지면 전체 유통량은 대략 300억 장이다.

장을 보는 인구를 1억 명으로 추정하면, 한 사람이 1년 동안 사용하는 비닐봉지는 약 300장이다. 위에서 1명당 260장(780엔÷3엔=260장)으로 계산했으므로, 올바르게 추정한 셈이다. 덧붙여, 해답 '780엔'은 예시일 뿐이며 방법은 다양하다.

만일 직접 계산한 페르미 추정의 결괏값과 실젯값에 자릿수 차이가 나지 않는다면, 충분히 잘한 계산이다.

스케일 다운의 묘미

【문제 17】

15만 명이 응시한 시험에서 9,000위를 했다. 이 등수를 적절히 스케일 다운해서 알기 쉽게 전달하시오.

2001년 무렵, 미국에서 테러 사건이 잇따라 일어나 사람들이 충격에 휩싸인 가운데, 메일 한 통이 전 세계에 빠르게 퍼져나갔다.

메일의 제목은 '세계가 만일 100명이 사는 마을이라면'이었다. 당시 인구 63억 명이 있던 세상을 100명이 사는 마을로 축소한다면 어떨까라는 관점에서 '여성이 52명, 남성이 48명', '20명은 영양실조이고, 1명은 굶어 죽기 직전인데, 15명은 비만'이라고 풀어냈다.

일본에서는 이 메일의 내용을 편집해서 출간했고, 140만 부가 넘게 팔리며 베스트셀러에 올랐다. 이렇게 큰 인기를 얻은 이유는 무엇일까?

바로, 잇따른 테러 이후 전쟁 없는 평화로운 세상을 바라는 분위기와 나라 간의 이해와 수용을 바라는 내용이 맞아떨어졌다는 점도 있지만, 무엇보다 내용이 쉽게 와닿았기 때문이다. 63억 명이라는 어마어마한 숫자로는 와닿지 않던 현실이, 100명으로 줄이자 단번에 주변 문제처럼 느껴진 것이다.

여기서는 이런 **스케일 다운의 묘미**를 이용해 큰 숫자를 이해하기 쉽게 전달하는 연습을 하고자 한다.

우주 스케일 다운

규모가 너무 커서 상상하기 힘든 것을 하나 꼽으라면 바로 우주다. 우주 속에 있는 태양과 지구의 거리를 스케일 다운 해보자.

지구에서 태양까지 거리는 **약 1억 5,000만km**다. 머릿속에 쉽게 그릴 수 있도록 **지름이 약 1만 3,000km인 지구를 지름 7cm짜리 테니스공으로 스케일 다운** 해보자.

그러면 1억 5,000만 km는 몇 m가 될까?

지름과 거리의 **비율은 같으므로,** 스케일 다운 한 태양까지의 거리를 x(m)라고 하면 계산식은 이렇다.

$$\frac{150{,}000{,}000(\text{km})}{13{,}000(\text{km})} = \frac{x(\text{m})}{0.07(\text{m})}$$

← 분모와 분자의 단위를 맞춘다

$$\Rightarrow \frac{150{,}000}{13} = \frac{x}{0.07}$$

$$\Rightarrow 150{,}000 \times 0.07 = 13x$$

$$\frac{A}{B} = \frac{C}{D} \Leftrightarrow A \times D = B \times C$$

$$\Rightarrow x = \frac{150{,}000 \times 0.07}{13} = 807.69 \cdots (\text{m}) \fallingdotseq 800(\text{m})$$

약 800m다.

마찬가지로 지구를 테니스공으로 스케일 다운 하면, 태양(지름 약 139만 km)은 지름 약 7m짜리 공이 된다(부디 직접 확인해보기를 바란다!).

정리하면, 태양이 지구를 비추는 모습은 2층 주택만 한 커다란 공이 도보로 10분(분속 80m로 환산) 떨어진 곳에 있는 테니스공을 내리쬐는 모습과 같다. 이렇게 생각하면 1억 5,000만km라는 거리가 머릿속에 쉽게 그려진다.

국가 예산 스케일 다운

국가 예산도 규모가 커서 상상하기 힘든 것 중 하나다.

일본 국세청에서 발표한 2024년 국가 재정 상황을 표로 정리했다.

항목	수입	지출
국세 수입+세외 수입	77.2	
일반 세출·지방 교부세와 교부금		85.6
국채비		27.0
공채비	35.4	
합계	112.6	112.6

(조 엔)

표 안의 값을 주 수입이 연 500만 엔인 어느 가정으로 스케일 다운 해보자. 각 항목은 이렇게 바꾸었다.

국세 수입+세외 수입→주 수입

일반 세출·지방 교부세와 교부금→생활비

국채비→대출 상환금

공채비→부수입

스케일 다운 했으므로, 가정의 주 수입과 대출 상환금 x(만 엔)의 비율은 국가 예산의 국세 수입+세외 수입과 국채비의 비율과 같다.

$$\frac{27.0(\text{조 엔})}{77.2(\text{조 엔})} = \frac{x(\text{만 엔})}{500(\text{만 엔})}$$

$$\Rightarrow \frac{270}{772} = \frac{x}{500}$$

$$\Rightarrow 270 \times 500 = 772x$$

$$\Rightarrow x = \frac{270 \times 500}{772}$$

$$= 174.87 \cdots (\text{만 엔})$$

$$\fallingdotseq 175(\text{만 엔})$$

현재 일본 정부는 주 수입 500만 엔 중 175만 엔을 빚 갚는 데 쓰고 있는 셈이다. 나머지 항목도 마찬가지로 계산하면 이렇게 정리된다.

항목	수입	지출
주 수입	500	
생활비		554
대출 상환금		175
부수입	229	
합계	729	729

(만 엔)

주 수입 500만 엔에 부수입 229만 엔이 더 있어야 지출이 간신히 충당된다는 뜻이니, 국가 재정 상황이 쉽게 그려진다.

예시 해답 40명 있는 반에서 2~3등

해설

15만 명은 숫자가 커서 와닿지 않으니, 응시생이 40명일 때 몇 등이 되는지 계산해보자.

응시생과 등수의 비율은 같으므로, 스케일 다운 했을 때의 등수를 x(등)로 놓고 계산하면 된다.

$$\frac{9{,}000(\text{등})}{150{,}000(\text{명})} = \frac{x(\text{등})}{40(\text{명})}$$

$$\Rightarrow \frac{3}{50} = \frac{x}{40}$$

$$\Rightarrow 3 \times 40 = 50x$$

$$\Rightarrow x = \frac{3 \times 40}{50}$$

$$= 2.4(\text{등})$$

2~3등이다.

대체로 학창 시절에 한 반에 40명쯤 있었을 테니, 반에서 2등이나 3등을 했다고 하면 훨씬 와닿는다. 덧붙여, 응시생이 많은 시험은 결과가 보통 좌우 대칭인 종 모양의 **정규 분포** 형태로 나타난다.

이때 **편찻값**(평균이 50, 표준 편차가 10인 정규 분포에서 자신의 점수가 전체 중 어느 위치에 있는지 나타내는 값. 50이 평균이며 이보다 클수록 상위권을 의미한다-옮긴이) **70이면 상위 약 2.5%**이며, 응시생 수가 15만 명일 때는 3,750등 안에 들면 편찻값이 70을 넘는다.

제 II 부

제 5 장

논리적으로 생각하기

목표

말할 필요도 없이 수학적으로 의사 결정을 내리려면 논리 있게 생각해야 한다. 제5장에서는 논리적으로 사고하는 데 꼭 필요한 핵심 요소를 익힌다. 우선 **정의를 확인**하는 일의 중요성을 돌아보고, **필요조건**과 **충분조건**의 개념을 파헤친다. 또, 평범한 방법으로는 진위를 판명하거나 증명하기 까다로운 명제를 풀 때 효과적인 **대우**와 **귀류법**을 설명한다.

정의 확인

> **【문제 18】**
>
> 다음 문장에는 의미가 모호한 표현이 들어 있다. 각 문장을 명확하게 바꾸시오.
>
> (1) 가까운 시일 내에 연락드릴 수 있을 듯합니다.
>
> (2) 야근 조금만 하고 가실 수 있나요?
>
> (3) 어사인된 역할에 커미트먼트를 가져라.

'논리적'이란, 사물을 조리 있게 생각한다는 뜻이다. 이리저리 시행착오를 거치더라도, 누가 봐도 올바른 방법으로 이치를 따져나가는 일이 논리적 사고다.

수학의 역사는 논리적 사고의 역사라고 해도 과언이 아니다. 수학은 개인의 위치·주의·주장을 떠나, 누구에게나 **명백히 옳은 결론을 끌어내려는 노력**에서 비롯된 학문이다.

그러면 논리적으로 생각하는 데 가장 중요한 점은 무엇일까? 선입견과 편견 배제, 인과관계 이해, 비판적 사고 등 여러 가지가 있지만, 무엇보다 제일 먼저 **정의를 확인**해야 한다.

나의 개인적인 주장이 아니다. 고대 그리스의 **유클리드(기원전 300년 무렵)**가 쓴 **『원론』**에도 논의 첫머리에 정의를 확인하는 일이 얼마나 중요한지 분명히 나와 있다. 『원론』은 세상의 빛을 본 이후로 2,000년 넘게 전 세계에서 수학 교과서의 정석으로 여겨지는 기념비적인 책이다. 수많은 수학자와 과학자가 이 책에 나오는 이론을 근거로 논리적 진리를 찾아냈다.

정의란 **단어의 뜻이나 용법을 명백히 규정한 것**을 말한다. 대체로 사전에 실려 있는 단어의 의미가 그 단어의 정의다.

평행사변형: 서로 마주 대하는 두 쌍의 변이 각각 평행인 사각형

회사: 영리 행위를 목적으로 하는 사단 법인

A 씨와 B 씨가 '아이들의 이공계 기피 현상'을 논의하고 있다고 하자. 최근 수학과 과학을 싫어하는 아이들이 늘어나, 무언가 대책이 없을지 이야기를 나누는 상황이다.

그런데 가만히 들어보니 A 씨가 말하는 '아이들'은 초등학생인 데 반해, B 씨가 말하는 '아이들'은 대학생을 포함한 전체 학생이었다. 그 탓에 두 사람의 대화가 어긋났고, 건설적인 결론에 이르지 못했다. 이런 논의는 논리적이라고 하기 어렵다.

우리는 머릿속으로 생각할 때 '말'을 이용한다. 따라서 그 말의 의미가 다르거나 모호하면 당연히 올바른 결론에 다다르지 못한다. 그러므로 **논리적으로 생각하려면 가장 먼저 단어의 정의를 확인해야 한다.**

'상식'은 통하지 않는다

상식의 범위는 구태여 정의하지 않아도 괜찮다고 생각할지도 모르겠다. 그러나 **대화를 나눌 때 가장 위험한 부분이 바로 이 '상식'**이다.

어느 날 상사가 이렇게 말했다.

"내일까지 자료 좀 정리해 주세요."

이때 내일까지가 출근 전까지인지, 점심시간까지인지, 퇴근 시간까지인지 확실치 않다. 만일 상사가 "상식적으로 '내일까지'라고 했으면 내가 출근하기 전까지죠"라고 말했다면, 자기중심적인 상사다.

상사는 부하 직원에게 '오후 12시까지'라고 오해가 없게 전달해야 한다. 부하 직원 역시 그 자리에서 "내일 몇 시까지 드리면 될까요?" 하고 확인해야 한다.

아인슈타인은 상식을 이렇게 말했다.

'상식이란 18세까지 습득한 편견의 집합이다.'

모든 사람이 명심해야 할 말이다. 자신이 상식이라고 여겼던 사실이 알고 보니 착각인 경우가 아주 흔하기 때문이다. 물론 사회인으로서 상식을 꾸준히 배워야 하지만, 늘 이렇게 자문자답해야 한다.

'이것이 정말 상식일까?'

자신에게는 상식일지라도 누군가에게는 비상식일 수 있다는 가능성은 언제나 존재한다.

대화에서 오해를 없애고 논리적으로 의견을 나누기 위해 사용하는 말의 정의를 (지겨울 정도로) 확인하자.

의미가 모호해지기 쉬운 표현

다만 실생활에서 수많은 단어의 정의를 일일이 확인하면 너무 많은 시간이 걸려 대화가 진전되지 않고 회의나 업무가 지체될지도 모른다. 그러니 적어도 자신이 쓰는 말만큼은 의미가 모호해지기 쉬운 표현을 되도록 피하는 편이 바람직하다.

그렇다면 '의미가 모호해지기 쉬운 표현'에는 무엇이 있을까? '의미가 모호해지기 쉬운 표현'에는 네 종류가 있다.

[모호한 표현]

① 추측 표현

예) 아마도, 어쩌면, 듯하다

② 수량과 시간에 관한 애매한 표현

예) 방대한, 많은, 조금, 일찍

③ 주관적 판단을 따르는 표현

예) 보통, 누구나, 새롭다

④ 불필요한 외래어

예) 이니셔티브, 어젠다, 스킴

모호한 표현은 이렇게 바꾸자.

[모호한 표현 대처법]

① 확신 표현으로 바꾸기

예) 아마 내일 12시쯤에 도착할 것 같습니다.

→ 내일 12시에 도착합니다.

② 숫자로 바꾸기

예) 잠깐 시간 괜찮으세요?

→ 3분만 시간 괜찮으세요?

③ 객관적인 사실로 바꾸기

예) 보통은 성공해.

→ 그동안 10번 가운데 9번 성공했어.

④ 우리말로 바꾸기

예) 자네가 이니셔티브를 쥐고 어젠다를 세워봐.

→ 자네가 솔선해서 계획을 세워봐.

①은 설명하지 않아도 알 것이다. ②는 제4장에서 설명한 '수치화'를 따르면 된다. ③의 경우, 언제나 객관적인 근거를 제시하기는 힘드니, 그럴 때는 '제 생각에는'을 덧붙여 주관에 따라 판단했다는 사실을 명시하면 좋다. ④처럼 외래어를 사용하면 스스로 전문가가 된 듯한 느낌이 들어, 정작 그 정의(의미)를 정확히 이해하지 못한 채 쓰는 사람이 많다. 그러다 보니 단어만 따로 겉돌게 된다.

예시 해답

(1) 내일모레 오전까지 연락드리겠습니다.

(2) 30분만 야근하고 가실 수 있나요?

(3) 맡은 역할에 책임을 다해라.

해설

(1)…'가까운 시일 내'라는 표현은 기한이 모호하므로 구체적으로 이야기해야 한다. 또 '듯하다'는 추측을 포함하므로 명확하지 않다. 책임감을 가지고 확신하자.

(2)…'조금만'은 모호한 표현이므로, 몇 분(몇 시간)인지 분명히 밝혀야 한다.

(3)…'어사인'도 '커미트먼트'도 요즘 자주 쓰는 표현이지만, 의미를 정확히 아는 사람은 많지 않다. 이처럼 유행하는 외래어는 정의를 확실히 확인해두도록 하자.

- 어사인(Assign): 할당하다, 맡기다
- 커미트먼트(Commitment): 약속, 책임, 기여

무엇보다 의미가 명확하지 않은 유행어는 함부로 사용하지 않는 편이 바람직하다.

필요조건과 충분조건(1)

【문제 19】

다음 [   ]에 알맞은 내용을 아래의 (가)~(다)에서 고르시오.

(1) 12월생은 겨울 출생이기 위한 [   ].

(2) 일본 휴대전화번호는 전화번호 앞자리가 '090'이기 위한 [   ].

(3) 문과는 수학을 싫어하기 위한 [   ].

(가) 필요조건이지만 충분조건은 아니다

(나) 충분조건이지만 필요조건은 아니다

(다) 필요조건도 아니고 충분조건도 아니다

한 신입 사원이 상사에게 혼나고 있다.

상사 "상품이 많이 팔리기 위한 조건을 말하라고 했지?"

신입 "네. 그러니까 우선 가게에 들어서자마자 손이 가도록, 친숙한 디자인이어야 하지 않을까요…."

상사 "그건 필요조건이잖아!"

신입 "네?"

상사 "내가 말하는 건, 잘 팔리기 위한 충분조건이라고!"

신입 "???"

필요조건, **충분조건**이라는 말을 종종 들어봤을 것이다. 그러나 이 신입 사원처럼 둘의 차이를 모르는 이들이 많다. 일상에서 쓰는 단어로 이해하려고 하면 오히려 헷갈리는 용어다. 따라서 여기서는 필요조건과 충분조건이 무엇인지 자세히 설명하고자 한다(구체적인 사용법은 다음 장에 나온다).

오해하기 쉬운 '필요'와 '충분'의 뜻

아래의 그림을 보자.

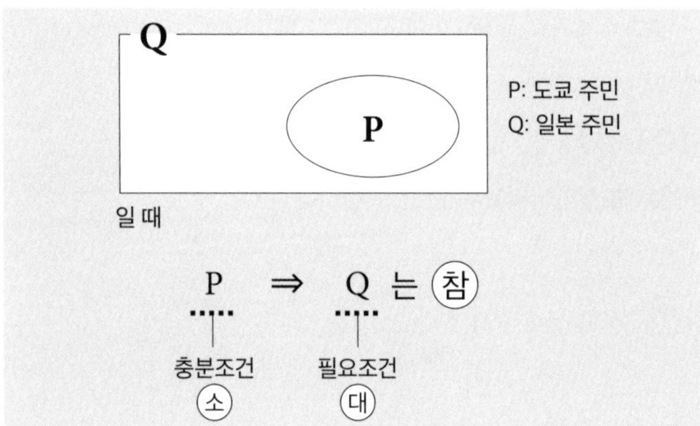

P는 도쿄 주민, Q는 일본 주민이다. 이처럼 **P가 Q에 완전히 포함되는 경우 'P이면 Q다'는 반드시 '참'이다.** 즉, '옳다'.

문장 'P이면 Q다'를 화살표를 이용해 'P⇒Q'로 나타낼 때, 화살표 시작점에 있는 'P(이다)'라는 문자나 식을 **충분조건**, 화살표 끝에 있는 'Q(이다)'라는 문자나 식을 **필요조건**이라고 한다. 참고로 '⇒'는 논리학에서 쓰는 정식 논리 기호다.

'도쿄 주민⇒일본 주민'으로 설명하면, 일본 주민은 도쿄 주민이기 위해 반드시 필요한 조건이라고 해 '필요조건'이라고 한다. 반면 도쿄 주민은 일본 주민이 되기 위한 조건이 이미 충분하다고 해 '충분조건'이라고 한다.

수학에서 말하는 '필요조건'과 '충분조건'은 일상에서 쓰는 '필요'와 '충분'과 구분해서 생각하는 편이 좋다. 일상 언어는 다양한 상황에서 사용하기 때문에 같은 단어라도 상황에 따라 뜻이 달라지지만, 수학 용어인 '필요조건'과 '충분조건'은 문자나 식의 관계를 엄밀하게 나타낸다.

'P이면(⇒) Q다'라는 형식의 문장이 있고 그 문장이 옳을 때, '이면(⇒)' 앞에 오는 것이 '충분조건'이고 뒤에 오는 것이 '필요조건'이다. 외워두면 좋다. 앞의 그림에서, **한쪽이 다른 쪽에 완전히 포함되면 작은 쪽이 충분조건, 큰 쪽이 필요조건**이라고 생각해도 좋다.

단, P나 Q를 따로 떼서 필요조건이나 충분조건이라고 말할 수는 없다. 'P는 Q이기 위한 충분조건', 'Q는 P이기 위한 필요조건'처럼 반드시 두 문자나 식의 관계를 나타내야 한다. 또, 'P ⇒ Q'와 'Q ⇒ P'가 모두 옳을 때, P는 Q의 (또는 Q는 P의) **필요충분조건**이라고 한다.

이 내용을 바탕으로 앞선 상사와 신입 사원의 대화를 정리해보자.

이 회사의 제품은 '잘 팔리는 상품 ⇒ 친숙한 디자인'이 참이라고 하자. 하지만 친숙한 디자인이어도 잘 팔리지 않은 상품이 있을 것이다. 즉 '친숙한 디자인'은 상품이 잘 팔리기 위한 필요조건에 불과하다.

상사가 원하는 대답은 (그런 게 정말 있을지는 모르겠지만) 하나를 만족하면 상품이 반드시 잘 팔리는 조건이다. 다음 그림처럼 잘 팔리는 상품에 완전히 포함되는 조건인 셈이다.

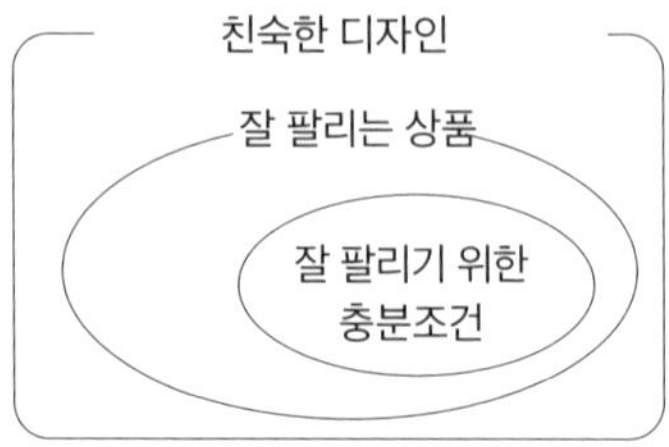

해답	(1)…(나)	(2)…(가)	(3)…(다)

해설

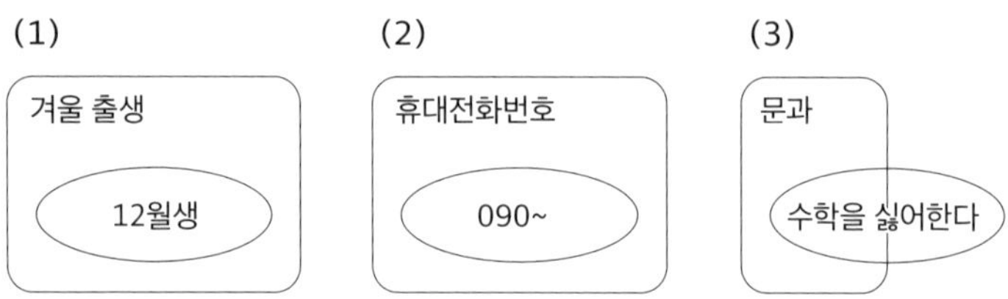

(1)… '12월생'은 '겨울 출생'에 완전히 포함되고, '12월생'이 더 작으므로 12월생은 겨울 출생이기 위한 **충분조건**이다.

(2)… 일본의 휴대전화번호 앞자리는 이용자 수가 증가함에 따라 '090'부터 '080'(2002년~), '070'(2013년~)으로 늘어났다('060'도 더해질 예정이다).

'앞자리 090'은 '휴대전화번호' 속에 포함되므로, '휴대전화번호'가 큰 쪽이다. 따라서 휴대전화번호는 전화번호 앞자리가 090이기 위한 **필요조건**이다.

(3)… 보통 문과는 모두 수학을 싫어한다는 인상이 있지만, 편견일 뿐이다. 가르치는 제자 가운데도 문과로 진학했지만, 수학을 잘하는 학생이 몇몇 있다.

반대로 이공계인데도 수학이 싫다는 사람도 있다.

즉, '문과다'와 '수학을 싫어한다'는 이렇다 할 관계가 없으므로 **필요조건도 충분조건도 아니다.**

필요조건과 충분조건(2)

【문제 20】

상사가 말했다.

"7시간 이상 자면 무조건 업무 효율이 올라가. 그러니까 자네도 7시간 이상 잘 필요가 있어."

필요조건과 충분조건의 관점에서 상사가 한 말의 모순점을 찾으시오.

필요조건과 충분조건을 이해했는가? 비즈니스 현장에서 이 용어를 직접 쓰지는 않지만, 필요조건과 충분조건을 이해하는 것은 논리적으로 사고하는 데 아주 중요하다.

이번에는 필요조건과 충분조건을 어떻게 활용하는지 구체적으로 설명해 보자.

선택할 때는 필요조건을 거듭 따져라

외출 전 옷장에서 옷을 고를 때, 여름이면 여름옷 중에서 선택한다. '날씨가 더우니 시원한 옷을 고를 필요'가 있기 때문이다. 마찬가지로 목적지에 어울리는 옷인지, 상대방이 보기에 민망하지 않을지도 고민해야 한다. 이런 요소도 오늘 입을 옷의 필요조건이다.

이처럼 **무엇을 선택할 때 필요조건을 거듭해서 따지면, 범위가 점점 줄어들어 목표에 쉽게 다가갈 수 있다.**

많은 사람이 무의식중에 이런 과정을 거치는데, '아, 내가 지금 필요조건을 사용했구나' 하고 인식하는 것이 중요하다. 그러면 아래와 같은 비효율적인 회의를 피할 수 있다.

사원 A　이번 신제품을 구상하기 위해 경쟁사의 제품을 철저히 조사했습니다. 그 결과…(2분 정도 발표).

상사　꼼꼼히 조사했네. 그런데 신제품의 소매가를 700엔 밑으로 잡고 싶은데, 가능한가?

사원 A　최소 1,000엔은 나올 것 같습니다….

사원 B　저는 요즘 젊은이들의 니즈에 맞추어 '등신대'를 키워드로 구상해봤습니다. 젊은 친구들은…(3분 정도 발표).

상사　그래, 잘 알겠어. 그런데 이번 신제품은 꼭 올해에 출시해야 해. 가능하겠나?

사원 B　아 이 제품은 내년 3월쯤에나 출시될 것 같습니다….

눈치챘는가? 그렇다. 이 상사는 신제품이 충족해야 할 최소한의 필요조건을 부하에게 뒤늦게 설명하고 있다. 회의의 효율이 나빠지는 원인이다. 올바른 순서는 '희망 소매가는 700엔 이하고, 올해 출시를 목표로 구상해 오도록' 하고 **처음에 필요조건을 제시**해야 한다. 이렇게 미리 범위를 좁혀놓으면 부하도 신제품을 구상하기 쉽고, 회의에는 신제품의 필요조건을 만족한 아이디어들만 올라오니 애써 고민한 내용이 물거품이 될 일도 없다.

명제와 진위

수학에서, 진위(참인가 거짓인가)가 객관적으로 판단되는 내용을 **명제**라고 한다.

'후지산은 세상에서 가장 높은 산이다'는 틀렸지만(거짓이지만), 객관적으로 판단되므로 명제다. 반면'후지산은 아름다운 산이다'에서 아름답다는 주관적인 표현이므로, 객관적으로 진위를 판단할 수 없어 명제가 아니다.

명제 'P이면(⇒) Q다'에서, P(가정)는 만족하지만, Q(결론)는 만족하지 못하는 예를 **반례**라고 한다. 이를테면, '새면 난다'라는 명제는 거짓이다. 펭귄이나 타조는 새로 분류되지만 날지 못하므로 반례가 존재하기 때문이다.

어느 명제에 반례가 하나라도 있다면, 그 명제는 거짓이다.

따라서 어느 명제가 참이라는 사실을 증명하기는 쉽지 않다. 수학계에서는 반례가 없으니 아마도 참이리라 예상은 하되, 엄밀하게 증명하지는 못한 명제가 많다.

증명할 때는 충분조건을 생각하라

그러나 특정 명제는 충분조건을 이용하면 참임을 증명할 수 있다.

앞서 사례로 들었던 '도쿄 주민이면 일본 주민이다'로 생각해보자.

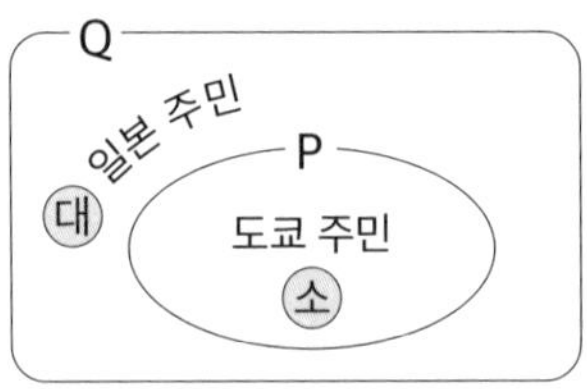

'소⇒대'는 반드시 참

이 명제는 참이지만 '~이면'의 앞뒤를 바꾼 '일본 주민이면 도쿄 주민이다'는 거짓이다. 일본 주민 가운데는 오사카나 후쿠오카 등 도쿄가 아닌 다른 곳에 사는 사람도 있으므로, 반례가 있기 때문이다.

보통, P가 Q에 완전히 포함될 때 명제 'P⇒Q'는 반드시 참이다. 이때 P는 (Q이기 위한) 충분조건이고, Q는 (P이기 위한) 필요조건이다.

'충분조건⇒필요조건'은 반드시 참

'필요조건⇒충분조건'은 반드시 거짓

한쪽이 다른 쪽에 완전히 포함되면, 작은 쪽이 충분조건이고 큰 쪽이 필요조건이므로 아래와 같이 정리할 수 있다.

'소⇒대'는 반드시 참

'대⇒소'는 반드시 거짓

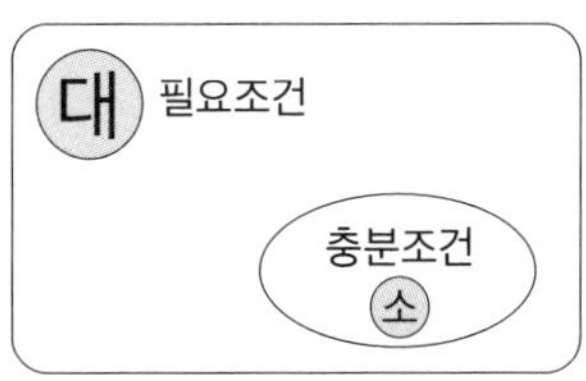

'소⇒대'는 반드시 참
'대⇒소'는 반드시 거짓

해답

'7시간 이상 수면⇒업무 효율 상승'이 참이 되려면, 7시간 이상 수면은 충분조건이어야 하는데, 상사는 마치 필요조건처럼 말했으므로 잘못되었다.

해설

상사는 '7시간 이상 수면⇒업무 효율 상승'이라고 말했으므로(여기서는 이 명제 자체의 진위는 따지지 않는다), '7시간 이상 수면'은 (업무 효율을 올리기 위한) 충분조건이다. 그런데 상사는 '7시간 이상 잘 필요가 있다'며 **필요조건과 충분조건을 바꾸어서 말하고 있다.** 업무 효율을 높이는 방법은 하나가 아닌데, 7시간 이상 수면이 꼭 필요한 조건처럼 말했으므로 모순된다.

그 밖에도 '환자분의 병은 수술하면 낫습니다. 그러니 수술을 받을 필요가 있어요'라는 의사의 설명도 마찬가지로 모순된다.

보통 'A⇒B입니다. 그러니 B를 위해서는 A가 필요합니다'라는 꼴의 문장은 논리에 맞지 않다. 혹하지 않도록 주의하라.

대우-논리 왜곡 꿰뚫어 보기

【문제 21】

'비가 오면 기분이 우울하다'가 참일 때, 다음 중 반드시 참인 문장을 고르시오.

(가) 기분이 우울하면 비가 온다

(나) 비가 오지 않으면 기분이 우울하지 않다

(다) 기분이 우울하지 않으면 비가 오지 않는다

친구가 말했다.

"음식점은 맛있으면 장사가 잘되어. 저 가게는 사람이 많잖아? 그러니까 분명히 맛있을 거야."

친구의 말은 논리적인가? 결론부터 말하자면 논리적이지 않다.

세상에는 논리를 교묘하게 왜곡한 비논리적인 표현이 많다. 또, 저도 모르게 논리에 맞지 않은 말을 뱉어 주변 사람에게 안 좋은 평가를 받기도 한다.

틀린 논리를 꿰뚫어 보고, 자기 자신도 잘못된 추론을 하지 않으려면 앞으로 소개할 **'대우'**를 알아두어야 한다.

수학에서는 명제 'P이면(⇒) Q다'를 바꾸어 '역, 이, 대우'라는 명제로 만들 수 있다.

명제의 역·이·대우

역: ⇒의 앞뒤를 바꾼다

이: ⇒의 앞뒤를 바꾸지 않고, 각각을 부정한다

대우: ⇒의 앞뒤를 바꾸고, 각각을 부정한다

이 정의를 그림으로 나타냈다. 그림 속 $\overline{P}$, $\overline{Q}$는 'P의 부정', 'Q의 부정'을 가리킨다.

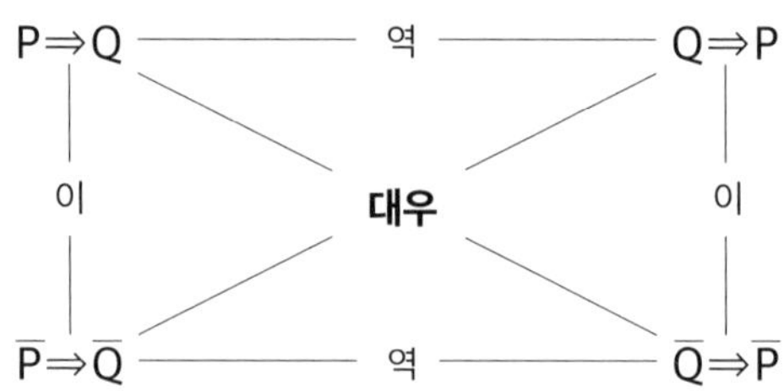

예) 명제 'n은 6의 배수⇒n은 3의 배수'의 역, 이, 대우는 다음과 같다.

역: 'n은 3의 배수⇒n은 6의 배수'

이: 'n은 6의 배수가 아니다⇒n은 3의 배수가 아니다'

대우: 'n은 3의 배수가 아니다⇒n은 6의 배수가 아니다'

여기서 중요한 점은 **대우는 처음 명제와 진위가 같다**는 사실이다! 반면 역과 이는 처음 명제와 진위가 같을 수도, 다를 수도 있다.

친구와의 예시 '맛있다⇒장사가 잘된다'에서 '장사가 잘된다⇒맛있다'

는 '역'이므로 반드시 참은 아니다. '맛있다⇒장사가 잘된다'가 참일 때, 반드시 참인 명제는 '대우'인 '장사가 잘되지 않는다⇒맛없다'다.

왜 명제와 그 대우는 진위가 같을까? 그 이유를 설명하겠다.

명제와 대우의 진위가 같은 이유

한쪽이 다른 쪽에 완전히 포함될 때, '소⇒대는 반드시 참'이다.

이 사실을 이용해 앞의 예시를 살펴보자.

3의 배수는 {3, **6**, 9, **12**, 15, **18**, 21, …}

6의 배수는 {**6**, **12**, **18**, …}

6의 배수는 3의 배수에 완전히 포함된다. 그림으로 나타내면 이렇다.

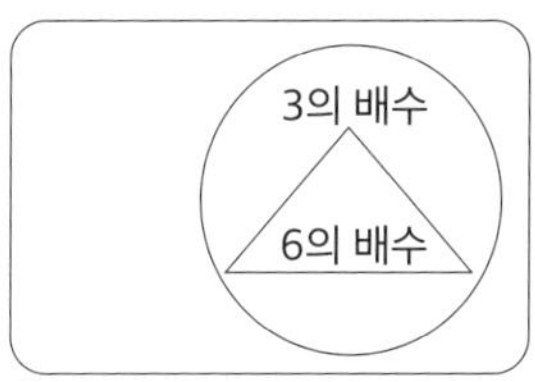

모든 숫자

'6의 배수'가 '3의 배수'보다 작으므로 'n은 6의 배수⇒n은 3의 배수'는 '소⇒대'가 된다. 따라서, 이 명제는 참이다.

그러면 '3의 배수 이외'와 '6의 배수 이외'의 관계는 어떨까?

이번에는 '3의 배수 이외'가 '6의 배수 이외'보다 작다. 따라서 'n은 3의 배수 이외⇒n은 6의 배수 이외'는 '소⇒대'이므로 마찬가지로 참이다.

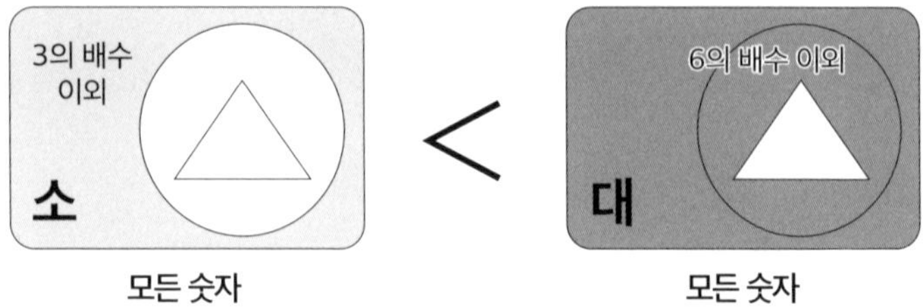

처음 명제가 '소⇒대'로 참일 때, 반드시 그 대우도 '소⇒대'가 되므로 참이다. 반대로, 처음 명제가 '대⇒소'로 거짓이라면, 그 대우도 '대⇒소'가 되므로 거짓이다.

이것이 한 명제와 그 대우의 진위가 같은 이유다.

해답 (다)

해설

'비가 온다⇒우울하다'의 역·이·대우를 정리하면 다음과 같다.

(가) 우울하다⇒비가 온다…역

(나) 비가 오지 않는다⇒우울하지 않다…이

(다) 우울하지 않다⇒ 비가 오지 않는다…대우

'비가 온다⇒우울하다'가 참이면, 그 대우도 참이므로 반드시 참인 문장은 **(다)**다.

귀류법-불가능을 증명하는 방법

【문제 22】

귀류법을 이용해 다음 명제를 증명하시오.

'시장을 완벽하게 예측하기란 불가능하다.'

고대 그리스의 **아리스토텔레스**(기원전 384-기원전 322)는 '무거운 물체는 가벼운 물체보다 빨리 떨어진다'고 생각했다. 이 가설은 오랫동안 사실로 여겨졌지만, **갈릴레오 갈릴레이**(1564-1642)는 어느 사고 실험을 하며 이 가설에 의문을 가졌다.

갈릴레오의 사고 실험은 이렇다.

만일 아리스토텔레스의 가설이 옳다면, 무거운 물체와 가벼운 물체를 끈으로 묶어 떨어뜨렸을 때 가벼운 물체가 늦게 떨어지므로 가벼운 물체가 무거운 물체를 잡아당겨서, 각자 떨어질 때보다 떨어지는 속도가 느려진다.

그러나 두 물체를 한 덩어리로 보면 전체 무게는 오히려 늘어나므로 물체가 각각 있을 때보다 무거워져서 떨어지는 속도가 빨라진다.

따라서 이 가설은 모순이 있다.

갈릴레오는 아리스토텔레스의 가설을 부정하고 직접 다양한 실험을 거듭해 '물체의 낙하 속도는 (공기 저항이 없다면) 물체의 무게와 관계없다'는 진실을 밝혀냈다.

갈릴레오가 사고 실험에서 이용한 방법을 **'귀류법'**이라고 한다.

귀류법이란

귀류법이란, **증명하려는 결론이 거짓이라고 가정해 모순을 밝혀내는 증명 방법**을 말한다.

이 정의가 어렵게 느껴질지도 모르지만, 요점은 **'만일 ○○이 틀렸다면 말이 안 되지? 그러니까 ○○은 맞아'** 혹은 **'만일 ○○이 옳다면 말이 안 되지? 그러니까 ○○은 틀렸어'**라는 논리다.

형사 드라마나 추리 소설에서 알리바이로 용의자의 무죄를 증명하는 방법도 전형적인 귀류법이다.

증명하려는 결론: '용의자는 무죄다'

'용의자는 유죄다'라고 가정 ← **결론이 거짓이라고 가정**

⬇

범행 시각에 다른 장소에 있었다 (알리바이가 있다)는 사실과 모순된다 ← **모순이 드러났다**

⬇

따라서 용의자는 무죄

용의자(혹은 변호사)는 '무죄'를 증명하고 싶으므로, '유죄'라고 가정했다. 그러자 알리바이가 있다(범행 시각에 다른 장소에 있었다)는 사실과 모순이 생겨 무죄임이 증명되었다.

귀류법이 힘을 발휘하는 상황

귀류법은 아주 유용한 증명법이며, 수학 역사상 수많은 주요 정리가 귀류법으로 증명되었다.

특히 귀류법은 3가지 상황에서 힘을 발휘한다.

- **불가능하다는 사실을 밝히는 증명**
- **존재하지 않는다는 사실을 밝히는 증명**
- **무수히 존재한다는 사실을 밝히는 증명**

가능하다는 사실을 밝히는 일은 실제로 해서 보여주면 되므로 손쉽다. 그러나 불가능함을 밝히기는 여간 쉽지 않다. 이런저런 방법을 써서 불가능했다고 할지라도 다른 방법으로는 가능할지도 모르기 때문이다. 정말 불가능한가, 그저 능력이나 노력이 부족할 뿐인가를 판단하기는 어렵다.

또 어느 것이 존재하지 않는다는 사실을 밝히는 일도 어렵다. 모래사장에서 다이아몬드를 찾는다고 상상해보자. 아무리 찾아봤는데 없다고 그 모래사장에 다이아몬드가 없다는 결론을 내리기는 꺼림칙하다.

반대로 어느 것이 무수히 존재한다는 사실을 밝히는 일도 막막하다. 만일 모래사장에서 다이아몬드가 잔뜩 나왔다고 해도, 다이아몬드가 무수히 있다(셀 수 없이 존재한다)는 사실이 증명되지는 않는다.

이렇게 정공법으로는 증명하기 어려운 명제를 밝혀낼 때 귀류법이 힘을 발휘한다. 앞서 알리바이를 다룬 예시도 '무죄=범행이 불가능'을 증명한 셈이다.

예시 해답

'시장을 완벽하게 예측하기는 가능하다'고 가정하자.

그러면 투자자는 시장 동향을 정확히 예측할 수 있다는 말이 되고, 모든 투자자는 최대 이익을 얻기 위해 똑같은 행동을 취할 것이다.

이를테면, 모든 사람이 같은 주식을 산다고 하자. 그러면 시장은 예측대로 움직이기 전에 조정된다. 즉, 예측과 반대로 움직인다. 이것은 '완벽한 예측'과 모순된다.

따라서 시장을 완벽하게 예측하기는 불가능하다.

(증명 끝)

해설

'불가능하다'는 결론을 증명하고 싶으므로, 이를 부정해서 '시장을 완벽하게 예측하기는 가능하다'고 가정했다.

이때 어떤 모순이 발생하는지 생각해보자.

제 II 부

제 6 장

곱셈식으로 사고하기

목표

수학적으로 사고하는 사람은 계산을 할 때도 숫자를 무작정 더하거나 빼지 않는다. 그 전에 숫자의 의미를 생각한다. 그러면 덧셈과 **곱셈**은 숫자의 의미가 다른 방식으로 확장된다는 사실을 깨닫게 된다.

또, 수학에서는 흔히 차원을 2차원→3차원→4차원→ … 식으로 늘려서 다루는데, 수학적으로 사고하는 사람은 한 차원이 늘어날수록 세계가 얼마나 확장되는지도 잘 알고 있다.

제6장에서는 **이런 '확장'을 비즈니스 현장에서 이용할 수 있도록** 설명한다.

매트릭스 작성법

【문제 23】

어느 가전제품 회사에 4가지 제품 라인이 있다.

(1) 스마트 냉장고

(2) 로봇 청소기

(3) 표준 오븐

(4) 스마트 스피커

시장 성장률과 시장 점유율을 기준으로 각 제품에 알맞은 투자 전략을 (가)~(라)에서 각각 고르시오.

(가) 적극적으로 투자한다

(나) 새로운 투자를 유보한다

(다) 추가 투자나 마케팅 전략을 검토한다

(라) 사업 축소·후퇴를 검토한다

'곱셈'이라는 단어를 들으면 무엇이 떠오르는가? '밑변×높이'라든가 '속력×시간'이라든가 '평균×사람 수' 같은 식을 떠올리는 사람이 많지 않을까?

어쨌든 곱셈은 '밑변'과 '높이'처럼 **서로 의미가 다른 숫자끼리도 가능한 계산**이다. 곱한 결과를 보자.

밑변×높이=넓이

속력×시간=이동 거리

평균×사람 수=전체 수

넓이, 이동 거리, 전체 수처럼 **새로운 의미의 값**이 생겨났다.

반면 덧셈은 어떨까? 덧셈은 '개수+개수'나 '시간+시간'처럼 같은 의미의 숫자끼리만 계산할 수 있다. 더한 결과는 어떨까?

개수+개수=개수

시간+시간=시간

결과는 당연히 더한 두 숫자의 의미와 같다. 덧셈의 결과는 새로운 의미를 가지지 못한다.

아이젠하워 매트릭스

정보를 곱셈식으로 조합해 새로운 의미를 도출하는 방법으로, 미국 34대 대통령 **드와이트 아이젠하워**(1890-1969)가 이용한 **'아이젠하워 매트릭스'**가 있다.

아이젠하워는 산더미처럼 쌓인 업무에 우선순위를 매기기 위해 **가로축에 '중요도', 세로축에 '긴급도'**를 놓고, 각 업무가 어느 카테고리에 들어가는지 따졌다(그림 참조). 이 매트릭스를 따르면 업무는 4가지로 분류된다.

A급 과제: 즉각 처리한다

B급 과제: 개인적으로 천천히 처리한다

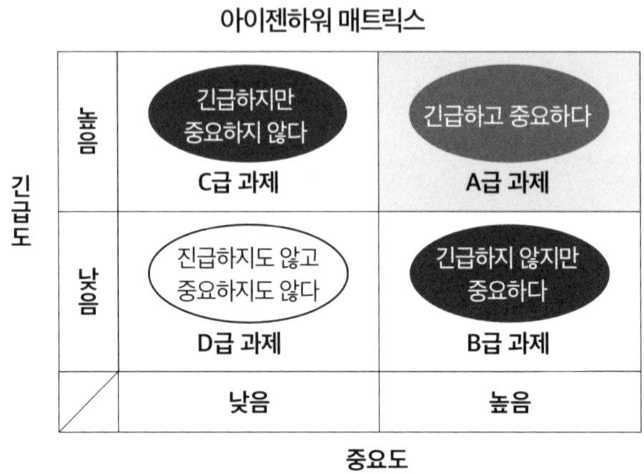

C급 과제: 다른 사람에게 맡긴다

D급 과제: 제거한다

중요도와 긴급도를 곱하면 '업무의 우선순위'라는 새로운 의미가 생긴다.

중요도×긴급도=우선순위

이처럼 가로축과 세로축에 다른 개념을 넣어 정보를 정리하는 방법을 **'매트릭스'(행렬)**라고 부르며, 프레임워크 기술을 다룬 책이나 교재에 자주 나온다. 매트릭스는 **곱셈식으로 정리해서 새로운 아이디어를 도출하는** 좋은 예다.

참고로, 아이젠하워는 직접 만든 '아이젠하워 매트릭스'를 인용해 **'중요한 일 중에 긴급한 일은 거의 없고, 긴급한 일 중에 중요한 일은 거의 없다'**고 말했다고 한다.

예시 해답 (1)…(가) (2)…(다) (3)…(나) (4)…(라)

해설

이 문제는 **BCG 매트릭스(Boston Consulting Group Matrix)**라는 매트릭스를 이용해 풀어보자.

이 매트릭스는 1970년대에 미국에 본사를 둔 컨설팅 회사 '보스턴 컨설팅 그룹'이 경영자의 투자 전략이 **합리적이고 효율적인지 검토**하기 위해 고안했다.

세로축은 시장 점유율, 가로축은 시장 성장률을 나타낸다.

BCG 매트릭스

앞의 그림처럼 이름 붙은 카테고리에 각 제품을 분류하면 투자 전략이 보인다.

시장 점유율×시장 성장률=투자 전략

이런 식이 만들어진다.

- **스타(Star)**: 사업을 키우면 시장에서 선두 자리를 굳힐 수 있으므로 **적극적으로 투자한다.**
  →스마트 냉장고
- **물음표(Question Mark)**: 시장 성장률 대비 시장 점유율이 낮으므로 **추가 투자나 마케팅 전략을 강화**한다.
  →로봇 청소기
- **현금 젖소(Cash Cow)**: 시장 성장률은 정체되어 있지만 자리를 확고히 잡았으므로 현상 유지를 목표로 하고, **새로운 투자는 유보한다.**
  →표준 오븐
- **개(Dog)**: 시장 성장이 기대되지 않고, 시장 점유율도 낮으므로 **사업 축소나 후퇴를 검토한다.**
  →스마트 스피커

어떤 제품이 어느 카테고리로 분류되는가는 기업 위치나 시장 상황에 따라 시시각각 변하므로, 위의 해답은 '예시'로 참고하기를 바란다.

차원을 늘려 혁신을 일으키다

【문제 24】

헬스장 경영 전략을 고민 중이다. 처음에는 '회원권 가격을 낮추어 가볍게 이용할 수 있는 헬스장'으로 할지 '회원권 가격을 높인 고급 헬스장'으로 할지 의견이 나뉘었지만, 마케팅 결과 두 전략에 큰 차이가 없음이 드러났다. 따라서 매출 상승을 목표로 새로운 전략을 토의해 2가지 방안을 도출했다. 아래의 (가) 안과 (나) 안 중 더 큰 가능성이 숨어 있는 방안은 무엇인가?

(가) 안… 웹 사이트와 연동해서 광고한다

(나) 안… 헬스장 안에 헬스 푸드코트를 설치한다

앞에서 서로 다른 지표를 곱셈식으로 조합해서 '새로운 아이디어'를 끌어내는 매트릭스를 소개했다.

이번에는 더 **참신한 아이디어**, 아무도 생각하지 못할 만한 **새로운 기준**을 고안해내기 위한 수학적 사고법을 설명하고자 한다. 키워드는 **'차원'**이다.

차원이란

차원은 영어로 'dimension'이다. 영상이 화면에서 입체적으로 튀어나오는 것처럼 보이는 '3D 영화'의 D는 'dimension'의 머리글자다.

'차원'은 무슨 뜻일까? 차원은 **'자유도'**로 바꾸어 읽으면 이해하기 쉽다.

'1차원 세계'는 '자유도가 하나인 세계'다. 이를테면, 수직선 위의 점 P는 값 하나를 '3'으로 정하면 그 위치가 결정된다. 값을 하나만 정하면 점의 위치가 결정된다는 말은 자유도가 1개밖에 없다는 말이므로 **수직선은 1차원**이다.

【1차원】

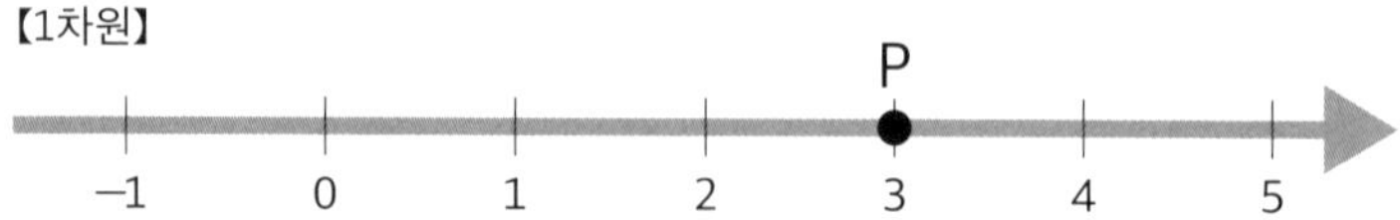

이렇게 따지면 '2차원 세계'는 '자유도가 둘인 세계'가 된다.

가로축을 x축, 세로축을 y축으로 하는 평면 좌표계 위에 있는 점 P는 x좌표(또는 y좌표)를 '3'으로 정해도 위치가 고정되지 않는다. 평면 좌표계 위에 있는 점은 (3,4)처럼 x좌표와 y좌표 2가지를 정해야 비로소 위치가 결정되기 때문이다.

【2차원】

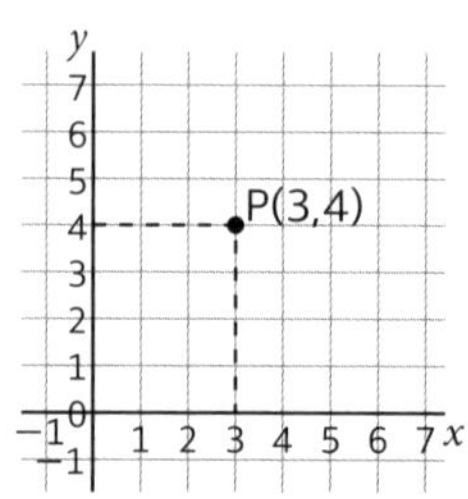

【3차원】

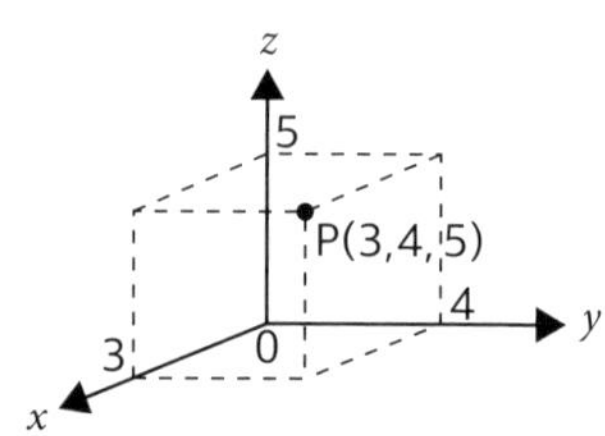

값을 2개 정해야만 위치가 결정된다는 말은 자유도가 둘이라는 뜻이다. 즉, **평면 좌표계는 2차원**이다.

마찬가지로 '3차원 세계'는 '자유도가 셋인 세계'다. x축, y축, z축이 있는 입체 좌표계 위의 점 P는 (3,4,5)처럼 값을 3개 정해야만 위치가 결정되므로,

입체 좌표계는 3차원이다.

좀 더 쉽게 말하자면 자유도가 '앞뒤'밖에 없는 **직선은 1차원**, '앞뒤'와 '좌우'가 있는 **평면은 2차원**, '앞뒤', '좌우'에 '위아래'까지 있는 **공간은 3차원**이다.

빅뱅과 허수 시간-차원에 숨겨진 가능성

차원을 이해하면 **참신한 변화**를 만들어내는 사고법을 이해할 수 있다.

잠깐 삼천포로 빠져서, 빅뱅(우주가 매우 높은 온도와 밀도에서 폭발한 현상)으로 우주가 탄생한 직후, 겨우 $\frac{1}{10^{34}}$초 만에 우주가 급속히 팽창해 지금의 은하와 행성이 만들어졌다. $\frac{1}{10^{34}}$초는 1초의 10경 분의 1을 또다시 10경 분의 1을 한 아주 짧은 시간이다(1경은 1조의 1만 배).

지금도 계속 팽창하는 우주에 필요한 에너지가 눈 깜박할 새보다 훨씬 짧은 시간에 만들어졌다니 믿어지는가?

시간은 과거, 현재, 미래로 흐르므로 1차원으로 본다. 하지만 만약 시간이 2차원이라면 어떨까? 우리가 느끼는 1차원에서는 순식간에 지나가는 일이라도 2차원에서는 시간이 더 오래 걸릴 가능성이 있다(아래 그림 참조).

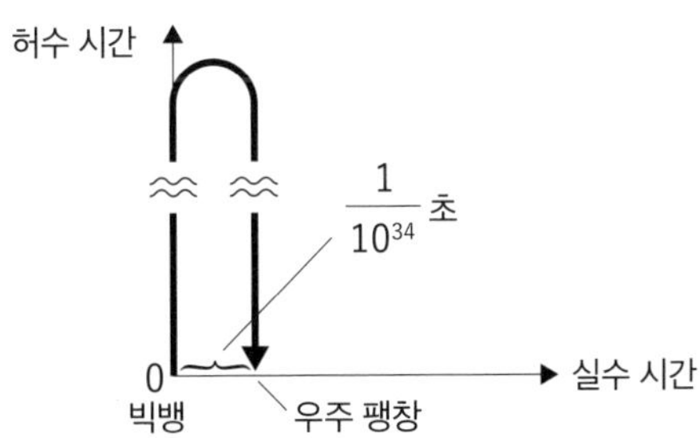

영국의 물리학자 **스티븐 호킹**(1942-2018)은 이처럼 우리가 평소에 사용하는 시간(실수 시간)과 다른 '허수 시간'이라는 개념을 만들어냈다.

허수 시간이 정말 존재하는지는 알 수 없다. 하지만 여기서는 허수 시간의 존재 여부를 떠나 1차원인 것을 2차원으로 확장하면, 즉 **차원을 늘리면 상상치도 못한 가능성이 드러난다**는 점에 주목하기를 바란다.

새로운 방향으로 차원을 늘리다

앞에서 '곱셈식으로 정리해 새로운 아이디어를 끌어낸다'고 말했는데, 곱셈으로 생각해도 새로운 가능성이 보이지 않을 때도 있다. 그럴 때는 기존의 방향과 다른 '새로운 방향'을 찾아야 한다. '앞뒤'와 '좌우'밖에 없는 곳에 '위아래'라는 새로운 차원을 더하는 식이다. 그러면 기존 콘셉트와 전혀 다른 '새로운 기준'이 떠오른다.

이를테면, 최근에 부쩍 늘어난 '북카페'는 기존의 서점이 가지고 있던 '매출액'이나 '재고 회전율' 같은 차원에 '체류 시간'이라는 새로운 차원을 더해 성공한 사례다. 카페에 머무르며 자연스레 책을 접할 수 있고, 독서 모임이나 출판 행사도 개최하기 쉽다. 북카페는 '책을 산다'는 행위를 '체험'으로 승화시킨 셈이다.

해답 (나) 안

해설

처음에 나온 '회원권 가격을 낮추어 가볍게 이용할 수 있는 헬스장'과 '회원권 가격을 높인 고급 헬스장'은 '회원권 가격'과 '회원 수'라는 2가지 차원을 고려한 전략이다.

(가) 안 '웹 사이트와 연동해서 광고한다'의 목적도 '회원 수'를 늘리는 것이므로 기존의 틀 안에 갇힌 개선책에 불과하다. 큰 효과가 기대되는 '새로운 기준'이 아니다.

반면 (나) 안 '헬스장 안에 헬스 푸드코트를 설치한다'는 '회원권 가격'이나 '회원 수'와는 다른 새로운 기준인 '식사'를 내세웠다. 이 기준을 적용하면, 건강한 식사에 관심 있는 신규 고객을 확보할 수 있으며, 더 나아가 이런 고객을 대상으로 요리 교실을 열 기회도 생긴다.

'식사'라는 새로운 차원이 늘어났으므로 매출이 늘어날 가능성도 비약적으로 높아질 것이다.

제 II 부

제 7 장

게임 이론 알기

목표

제7장에서는 **'게임 이론'**을 설명한다.

게임 이론은 이해 당사자들의 행동 패턴을 분석해 상호 작용을 예측하고, 합리적이고 전략적인 의사 결정을 내려 최대 이익을 얻게끔 돕는다.

게임 이론은 종류가 다양한데 여기서는 그중에서 **'죄수의 딜레마'**와 **'순차 게임'**을 소개한다.

죄수의 딜레마

【문제 25】

홋카이도에서 인기 있는 양과자점인 가게 A와 가게 B의 매력은 현지에서만 구할 수 있다는 희소성이다. 그런데 어느 대형 마트가 두 양과자점에 '우리 마트에서 상품을 판매해보자'고 제안했다. 대형 마트는 현재 판매가에 20%를 할인해서 판매하기를 바란다.

이때 당신이 가게 A의 경영자라면 대형 마트에 '판매한다'와 '판매하지 않는다' 두 선택지 가운데 어느 쪽을 고르겠는가?

참고로 선택에 따른 이익은 다음과 같이 예측된다.

- 가게 A와 가게 B 모두 마트에 판매하지 않으면, 현상 유지
- 한쪽이 판매하고 다른 쪽이 판매하지 않을 때, 판매한 쪽은 이익 20% 증가, 판매하지 않은 쪽은 이익 30% 감소
- 가게 A와 가게 B 모두 판매하면, 둘 다 이익 10% 감소(대형 마트에서 판매하므로 판매 수량은 늘지만 판매가를 할인했기 때문)

이 세상에는 회식, 접대, 밸런타인데이처럼 대다수의 사람이 귀찮아하지만, 쉽사리 사라지지 않는 문화들이 있다.

왜 그럴까? 이유는 이번 장에서 소개할 **게임 이론**이 가르쳐줄 것이다.

게임 이론이 적용되는 분야는 승부를 겨루는 '게임'만이 아니다. 개인 간에는 물론이고 기업 간이나 국가 간처럼 전략이 필요한 이해관계라면 거의 모든 곳에서 응용할 수 있다. 게임 이론은 아주 강력하고 효과적인 이론이

므로 미국에서 MBA를 취득하려면 필수적으로 배워야 하며, 수많은 직장인들이 게임 이론을 배워 업무에 활용하고 있다.

합리적인 선택이 최고의 선택이 아닌 경우

우선 게임 이론 가운데 가장 유명한 **'죄수의 딜레마'**를 소개하겠다.

심각한 범죄에 연루되었다고 의심되는 죄수 A와 죄수 B가 있다. 두 사람은 다른 경범죄로 체포되어 취조받는 중이다. 물증이 부족해서 검찰은 어떻게든 자백을 받아내고 싶으나, 두 사람 모두 쉽게 입을 열지 않는다. 그래서 검찰은 두 사람에게 아래와 같이 '사법 거래'를 제안한다.

1. 상대가 침묵하고 당신이 자백하면, 당신은 석방
2. 상대가 자백하고 당신이 침묵하면, 당신은 징역 10년
3. 둘 다 침묵하면, 둘 다 징역 1년(경범죄로 처벌)
4. 둘 다 자백하면, 둘 다 징역 5년

죄수 A와 죄수 B는 격리되어 있어 서로 어떻게 대답하는지 듣지 못한다.

죄수 B / 죄수 A	침묵		자백	
침묵	A: 1년	B: 1년	A: 10년	B: 0년
자백	A: 0년	B: 10년	A: 5년	B: 5년

사법 거래 내용을 표로 정리했다(이런 표를 **보수 행렬**이라고 한다).

우선 **죄수 A가 되어** 따져보자. B가 침묵할 경우, A는 자백하는 편이 '이득'이다(석방된다). 또, B가 자백한다고 해도 A는 자백하는 편이 '이득'이다(그렇

지 않으면 A만 징역 10년을 산다). 즉, 어떤 상황이든 자백하는 편이 '이득'이므로 합리적으로 판단하면 **A는 자백을 선택**해야 한다.

B도 마찬가지이므로 결국 **두 사람 모두 자백**해야 한다.

죄수 B의 합리적 선택 ↓ (자백)

죄수 B / 죄수 A	침묵		자백	
침묵	A: 1년	B: 1년 (최선책)	A: 10년	B: 0년
자백	A: 0년	B: 10년	A: 5년	B: 5년 (합리적 선택)

죄수 A의 합리적 선택 → (자백)

그런데 두 사람 다 침묵하면 어떻게 될까? 두 사람 모두 징역 1년을 선고받는다.

두 사람에게 합리적인 선택을 하는 것보다, 둘 다 합리적이지 않은 선택을 하는 편이 두 사람에게 더 나은(최선인) 상태가 되는 셈이다. 이것이 **죄수의 딜레마**다.

죄수의 딜레마 응용 예시

'죄수의 딜레마'를 실생활에 적용해보자. **죄수의 딜레마가 생기는 상황은 상대방이 협력하든(침묵하든) 협력하지 않든(자백하든), 자신은 협력하지 않는 편이 이득인 이해관계일 때**다.

이런 사례는 가격 인하 경쟁, 공공질서 문제, 환경 문제 등 다양하다. 죄수의 딜레마는 '개개인이 합리적인 판단에 따라 행동하면 사회 전체가 건강하게 유지된다'는 사회 통념을 뒤집는다. 이 이론은 경제학, 사회학, 철학 등에 아주 큰 영향을 미쳤다.

해답 판매한다

해설

가게 B가 대형 마트에 '판매한다'와 '판매하지 않는다'를 각각 선택할 때, 가게 A가 어떻게 대처해야 하는지 생각해보자.

(i) 가게 B가 '판매하지 않을' 경우

가게 A도 '판매하지 않을' 때는 현상 유지(±0)

가게 A는 '판매할' 때는 +20%

⇒가게 A는 '판매한다'를 선택해야 한다

(ii) 가게 B가 '판매할' 경우

가게 A도 '판매할' 때는 −10%

가게 A는 '판매하지 않을' 때는 −30%

⇒가게 A는 '판매한다'를 선택해야 한다

따라서 가게 B의 선택과 상관없이 **가게 A는 '판매한다'를 선택해야 한다.**

가게 B도 마찬가지 상황이므로 합리적으로 판단하면 가게 A와 가게 B는 '판매한다'를 선택해서 두 가게 모두 대형 마트에 판매해야 한다. 그러나 실은 둘 다 '판매하지 않는다'를 고르는 편이 '가장 좋은 선택'이다. 죄수의 딜

가게 B의 합리적 선택 ↓

가게 A \ 가게 B	판매하지 않는다		판매한다	
판매하지 않는다	A: ±0	B: ±0	A: -30%	B: +20%
	최선책			
가게 A의 합리적 선택 → 판매한다	A: +20%	B: -30%	A: -10%	B: -10%
			합리적 선택	

레마에 빠진 전형적인 사례다.

죄수의 딜레마에 빠지면 아무리 애써도 '최선책'을 고르지 못하는 것일까? 사실 죄수의 딜레마를 해결하는 방법이 있다. 이제 그 방법을 설명하겠다.

죄수의 딜레마 해결법

【문제 26】

두 기업이 가격 인하 경쟁에 빠지는 현상은 '죄수의 딜레마'다.

이를 해소하려면 어떻게 해야 하는가?

죄수의 딜레마를 해결하는 방법을 소개하기 전에 게임 이론의 기원을 설명하고자 한다.

게임 이론의 기원

게임 이론은 **'여러 참가자가 선택하는 각각의 전략이 당사자 간의 관계에 어떤 영향을 미치는지를 분석하는 이론'**이다. 쉽게 말해서, 2명 이상의 참가자 사이에 이해관계가 있을 때 어떤 결과가 발생하는지 보여주고, 어떻게 의사 결정을 해야 하는지 가르쳐주는 이론이다. '참가자'는 국가일 수도, 기업이나 조직일 수도, 개인일 수도 있다.

게임 이론을 처음 제창한 사람은 헝가리 출신의 수학자 **존 폰 노이만**(1903-1957)이다. 폰 노이만은 아인슈타인이 '최고의 천재'라고 극찬할 정도로 천재 중의 천재였으며, 수학뿐 아니라 물리학, 컴퓨터 과학, 경제학, 기상학, 심리학, 정치학 등 다양한 분야에서 재능을 펼쳤다. 대부분의 현대 컴퓨터를 '노이만형 컴퓨터'라고 부르는 이유는 폰 노이만이 그 동작 원리를 고안했기 때문이다.

게임 이론은 폰 노이만과 경제학자 **오스카르 모르겐슈테른**(1902-1977)이 함께 출판한 책 『Theory of Games and Economic Behavior(게임과 경제 행동 이론)』에서 처음으로 체계화되었다. 이 책은 '20세기 초반 최대 성과 중 하나', '케인스의 일반이론 이래, 가장 중요한 경제학 업적' 같은 찬사를 받으며 평판이 자자하게 퍼졌다.

1994년에는 초기 게임 이론 연구에 공헌한 **존 내시(1928-2015), 라인하르트 젤텐(1930-2016), 존 하사니(1920-2000)** 세 사람이 노벨 경제학상을 받으며, 게임 이론의 입지를 굳혔다. 덧붙여, 존 내시는 영화 〈뷰티풀 마인드〉(2002년 한국 개봉)의 실제 모델인 수학자다.

게임 이론은 탄생한 지 100년도 채 되지 않은 역사가 짧은 이론임에도, 경제학, 경영학, 정치학, 사회학, 정보 과학, 물리학, 응용 수학 등 수많은 분야에서 활발히 활용되고 있다.

'비협력자'를 처벌하기

죄수의 딜레마를 해결하는 방법의 요점은 **'미리 협정하기'**다.

죄수 A나 죄수 B가 체포되기 전에 상대방에게 '만약 자백하면 가만두지 않을 거야'라고 협박(협정)해두면, 두 사람은 침묵을 유지해 더 나은 결과를 얻을 가능성이 훨씬 더 높아진다.

직접 적용해보자. 아래처럼 생각해보는 것이다.

A와 B에게는 각각 '협력'과 '비협력'이라는 선택지가 있다. 서로 협력하면 두 사람 모두에게 유리하다는 사실은 알지만, 상대방이 협력하고 자신은 협력하지 않을 때 더 큰 이익을 챙길 수 있는 상황이다. 자신에게 가장 좋은 상황은 자신만 이익을 독차지하는 것이며, 가장 나쁜 상황은 상대방이 이익을 독차지하는 것이다(게임 이론에서는 참가자가 이기적이며 합리적이라고 전제

한다).

이때 A와 B가 모두 비협력하는 상황은 두 사람 모두에게 최악보다는 낫다(합리적이지는 않지만, 상대방이 이익을 독차지하는 일을 피할 수 있다). 또, A와 B가 모두 협력하면 아무도 이익을 독차지하지는 못하지만, 합리적이므로 가장 좋은 선택 다음으로 좋은 선택이 된다.

【협정 없음】

A \ B	협력		비협력 (← 합리적 선택)	
협력	A: ○	B: ○ (최선책)	A: ×	B: ◎
비협력 (← 합리적 선택)	A: ◎	B: ×	A: △	B: △ (합리적 선택)

이 내용을 보수 행렬로 정리했다.

표 안의 기호는 각각 다음을 의미한다.

◎: 가장 좋음　　○: 좋음

△: 나쁨(최악보다는 나음)　　×: 최악

두 사람 모두 합리적인 선택을 한 결과가 '나쁨'이 되고, 둘 다 합리적이지 않은 선택을 하는 편이 두 사람에게 더 나은 상황이 되므로 '죄수의 딜레마'다.

이때 아래와 같이 벌칙을 하나 정해 협정을 맺어보자.

협력하지 않으면 벌칙 > 협력하지 않으면 이익

A에게 합리적인 선택은 어떻게 변할까?

(ⅰ) B가 '협력'할 때

⇒A도 협력하는 편이 좋다(협력하지 않으면, A만 이익보다 큰 벌칙을 받는다)

(ⅱ) B가 '비협력'할 때

⇒A는 협력하는 편이 좋다(B만 벌칙을 받는다)

어떤 상황이든 **'협력'이 합리적인 선택이다(B도 마찬가지다)**. 협정 때문에 이익을 독차지하기보다 벌칙을 피하는 일이 중요해졌으므로, **합리적인 선택을 따르는 편이 가장 좋은 결과(벌칙을 받지 않고, 전체의 이익을 유지하는 결과)가 나온다.**

보수 행렬은 이렇게 변한다.

【협정 있음】

합리적 선택 (↓ B: 협력)

합리적 선택 (→ A: 협력)

A \ B	협력		비협력	
협력	최선책 A: ◎	B: ◎ 합리적 선택의 결과	A: ○	B: △
비협력	A: △	B: ○	A: ×	B: ×

해답 가격을 인하하면 벌칙을 받는 협정을 맺는다

해설

모든 소매 업체가 가격 인하 경쟁으로 골머리를 앓고 있을 것이다. 그런데 가격 인하와는 관련 없는 상품도 있다. 책이 그렇다.

일본에서는 책은 보통 모든 서점에서 정가로 판매된다. 도서는 '도서 정가제'라고 해서, 공급자가 소매업자에게 상품의 가격을 변경하지 않고 정가로 판매하도록 강제하는 행위인 '재판매 가격 유지 제도'가 예외적으로 허용되기 때문이다. 그 외에도 잡지, 신문, 음반도 저작물로서 재판매 가격 유지 제도가 적용된다.

서점은 도서 정가제를 따르되, 재고를 출판사에 반품하는 계약을 맺는다. 반품이라는 장점을 잃는 일은 서점에 큰 손해다. 그 결과, 계약은 유지되고 책은 어디서든 정가로 판매된다.

'공공질서 문제'나 '환경 문제'에서도 규칙을 준수하는(협력하는) 쪽이 **규칙을 무시하는(협력하지 않는) 쪽에게 보복을 가하는 벌칙을 정하면, 합리적인 선택의 결과와 최선책이 일치된다.**

단, 국가 간의 분쟁에는 효과적인 벌칙을 정하기가 어렵다. 2017년에 미국이 파리 협정에서 일시적으로 탈퇴(2021년에 재가입)한 일도 이런 사례 중 하나다. 또, 지역 사회의 쓰레기 문제처럼 비협력적 행위(부당 행위)를 감시하는 데 너무 큰 비용이 들 경우, 협정이 (체결되었더라도) 제대로 작용하지 않는다.

'죄수의 딜레마'가 복잡한 이유는 이렇게 단순한 해결책으로는 문제가 쉽게 풀리지 않기 때문이다.

순차 게임

【문제 27】

A사와 B사는 종합 가전제품 회사다. 현재 A사는 가정용 전자제품을, B사는 음향 기기를 주력으로 생산하고 있다. A사는 이익을 확대하기 위해, 음향 관련 시장에 새롭게 뛰어들 계획을 세웠다.

만일 A사가 음향 관련 시장에 참여한다면, B사에 주어진 선택지는 '융화' 혹은 '철저한 경쟁' 2가지다.

B사가 '융화'를 선택하면, B사는 시장 점유율을 일부 빼앗겨 연간 30억 엔 손해를 보고, 반대로 A사는 30억 엔 이익을 남긴다. 반면, B사가 '철저히 경쟁'을 선택하면, 치열한 가격 경쟁이 벌어져 두 회사 모두 50억 엔을 손해 볼 것으로 예상된다.

A사가 음향 관련 시장에 참여해야 하는지 아닌지를 게임 이론으로 판단하시오.

앞에서 소개한 '죄수의 딜레마'는 당사자와 상대방이 동시에(서로의 전략을 모른 채) 전략을 선택하는 '게임'이었다. 이런 게임을 **동시 게임**이라고 한다.

반면 장기와 오셀로처럼 번갈아 가며(서로의 전략을 안 상태에서) 전략을 선택하는 게임도 있다. 이것을 **순차 게임**이라고 한다.

순차 게임이란

순차 게임의 전형적인 사례로 다음과 같은 상황이 있다.

어느 거리에 A와 B 두 문구점이 있다. **현재 연간 영업 이익은 A점이 1000만 엔, B점이 500만 엔**이다. 이런 상황에서 A점 주인이 가게의 리모델링을 고려하고 있다.

단, 한 가게만 리모델링하면 수익이 리모델링 비용 이상으로 증가하지만, 두 가게 모두 리모델링하면 수익은 늘지 않고 오히려 리모델링 비용만큼 이익이 줄어들 것으로 예상된다. 자세한 값을 다음 표로 정리했다.

		수익	원가	판매 관리비 (리모델링비 포함)	영업 이익
A	리모델링	1,300	200	100+리모델링비 300	700
B	리모델링	680	100	80+리모델링비 150	350
A	리모델링	1,300+400	200	100+리모델링비 300	1,100
B	현상 유지	680	100	80	500
A	현상 유지	1,300	200	100	1,000
B	리모델링	680+200	100	80+리모델링비 150	550
A	현상 유지	1,300	200	100	1,000
B	현상 유지	680	100	80	500

(단위: 만 엔)

리모델링비: A점 300만, B점 150만
A점만 리모델링하면 A점의 수익 증가분: 400만
B점만 리모델링하면 B점의 수익 증가분: 200만
원가: A점 200만, B점 100만
판매 관리비: A점 100만, B점 80만
※수익이 늘어도 원가, 판매 관리비는 변하지 않는다

A점은 리모델링해야 할까?

이런 상황은 동시 게임처럼 표(보수 행렬)로 만들어 따지면, 두 이해 관계자의 합리적 선택이 하나로 좁혀지지 않는다(가능하다면 직접 해보기를 바란다).

따라서 다음처럼 고려할 수 있는 모든 상황을 시간수열에 맞추어(시간의 순서대로) 적는다. 그리고 마지막에 각 참가자가 얻는 이익을 정리한다.

이것을 **게임 나무**라고 한다(그림의 '이익'은 '영업 이익'을 말한다).

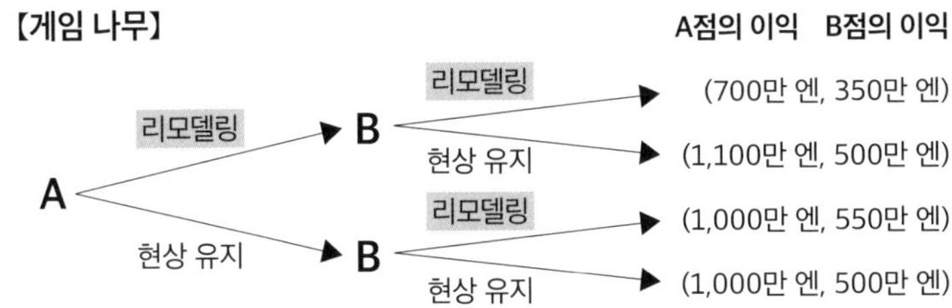

후발 주자의 관점에서 '앞으로 일어날 수 있는 결과'를 순서대로 따진다(이 사례에서는 B점이 후발 주자). A점이 리모델링하면, **B점은 현상 유지를 하는 편이 합리적이다**(이익 350만 엔→500만 엔). 반면 A점이 현상 유지를 하면, **B점은 리모델링해야 한다**(이익 500만 엔→550만 엔).

게임 이론에서는 참가자가 합리적이라고 전제하기 때문에, 고려할 수 있는 4가지 상황 가운데 실제로 일어날 수 있는 일은 둘 중 하나다.

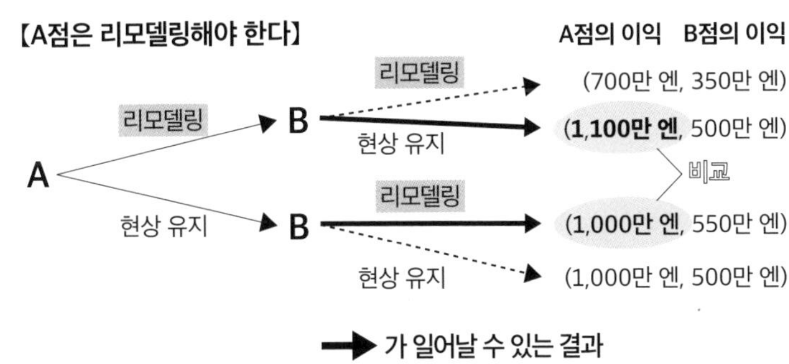

'실제로 일어날 수 있는 결과'를 보면 A점이 리모델링했을 때 A점이 얻는 이익은 '1,100만 엔'이고, A점이 현상 유지를 했을 때 A점이 얻는 이익은 '1,000만 엔'이므로, **A점은 리모델링하는 편이 좋다.**

역진 귀납법

순차 게임에서 선발 주자가 공략해야 할 핵심은, 우선 후발 주자의 입장에서 생각해 일어날 수 있는 결과를 추린 다음, 그 결과를 비교해서 취해야 할 전략을 정하는 것이다. 말하자면 '수읽기'인데, 게임 이론에서는 이런 사고법을 **백워드 인덕션(backward induction) 또는 역진 귀납법**이라고 한다.

이해관계가 순차 게임 상태에 놓여 있다는 사실을 알아챘다면, 역진 귀납법을 이용해 전략을 짜는 것이 정석이다.

해답 A사는 참여해야 한다

해설

순차 게임이므로 **'게임 나무'**를 그린다.

【A사는 참여해야 한다】

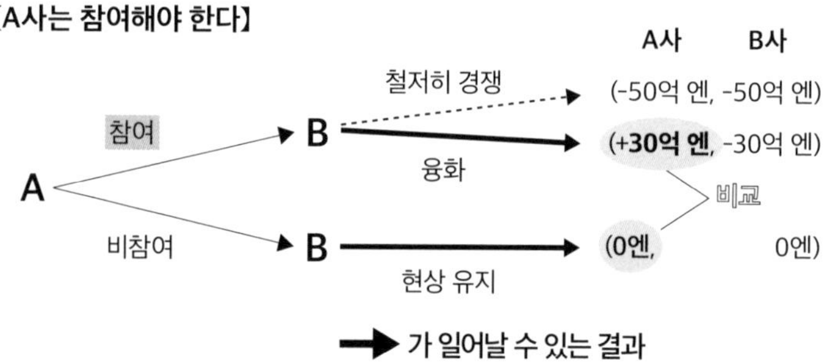

게임 나무를 보고 역진 귀납법으로 따지면(먼저 B의 입장에서 생각하면), A사가 참여했을 때 철저히 경쟁하기보다 융화하는 편이 낫다(-50억 엔→-30억 엔). A사가 참여하지 않으면 B사는 현상 유지가 되므로, A사도 B사도 이익은 없다.

따라서 실제로 일어날 수 있는 결과는 둘 중 하나다.

'A 참여 & B 융화' or 'A 비참여 & B 현상 유지'

이제 A사의 입장에서 두 선택지를 비교하면 **A사는 참여하는 편이 이득(0엔 → +30억 엔)**이다. 따라서 A사는 참여해야 한다.

하지만 이렇게 되면 B사는 '가만히 앉아서 당할' 수밖에 없다. A사가 참여하지 못하게 막을 도리는 없는 걸까?

A사가 참여하지 못하게 하려면, B사는 미리 '신규 참여 기업에 "철저히 경쟁"하겠다'고 선전포고를 해두면 된다.

【B사가 A사의 참여를 막으려면】

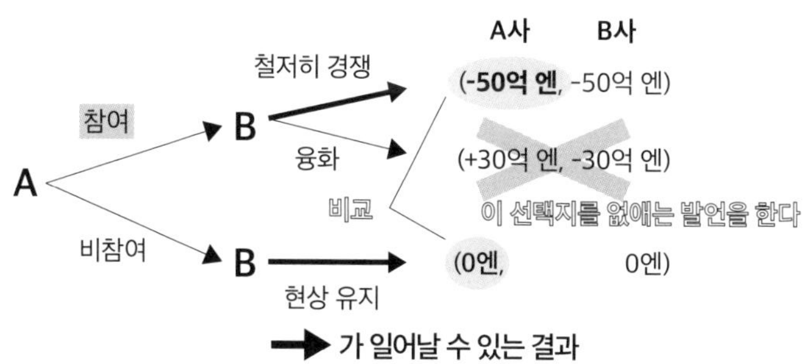

그러면 게임 나무는 이렇게 바뀌고, A사는 참여하지 않는 편이 이득(-50억 엔→0엔)이라는 결론에 도달하므로, A사의 참여를 막을 수 있다.

실제로 제2차 세계대전 이후 냉전 시기에 미국과 소련이 '쿠바 위기'를 피할 수 있었던 이유는, 미국이 B사와 같은 전략을 취했기 때문이다. 1962년 구소련이 쿠바에 미사일 기지를 설치하고 '언제든지 공격할 준비가 되어 있다'는 태도를 보였을 때, 당시 미국 케네디 대통령은 '핵전쟁도 불사하겠다'며 철저히 경쟁하겠다는 의지를 내비쳤다. 소련의 공격을 가만히 지켜본다는 선택지를 없앤 셈이다.

물론 실제 교섭은 이렇게 단순하지 않고 아주 치열했을 테지만, 쿠바 위기에서 드러나는 교섭의 기본 구조는 순차 게임과 거의 동일하다.

제Ⅲ부

제 8 장

확률 올바르게 이해하기

목표

제8장에서는 일어날 수 있는 모든 경우를 세는 **'경우의 수'**와 미래를 예측하는 **'확률'**을 배운다.
사물의 수를 정확히 파악하는 능력은 단순한 계산 기술이 아니라, 뛰어난 지성을 나타낸다. 수많은 요소를 식별하고 분류해 헤아리는 능력은 복잡한 현실을 이해하고 구조화하는 힘을 대변한다. 이 능력은 옳은 의사 결정을 내리는 기반이 된다.
또, 지나치게 비관적이거나 지나치게 낙관적이지 않고, 합리적으로 기대되는 값인 **'기댓값'**도 설명한다. 기댓값을 활용하면 기회와 위기를 정량적으로 평가하고, 최선의 전략을 선택할 수 있다.

지성으로 헤아리기(1) 순열

【문제 28】

어느 프로젝트는 업무 ①부터 업무 ⑥까지 6가지 업무를 모두 처리해야 한다. 단, 업무 ③은 업무 ①보다 나중에 하고, 업무 ⑤보다 먼저 해야 한다. 이 프로젝트의 업무 순서는 총 몇 가지인지 계산하시오.

한눈에 몇 개인지 보이는 소량의 사물을 세는 일은 누구나 할 수 있다(까마귀와 벌도 숫자를 셀 수 있다는 연구 결과가 있다).

그러나 대량의 사물을 셀 때는 **'지성'**이 필요하다. 이를테면, 친목회에서 총무를 맡아 참가자에게 돈을 걷는다고 할 때, 대부분의 사람은 지폐를 10장씩 모아서 센다. 그 방법이 효율적이고 확실하기 때문이다.

게다가, 눈앞에 있는 사물뿐 아니라 고려할 수 있는 모든 상황을 따져서 개수를 세야 할 때는 '보이지 않는 사물을 봐야 한다'는 어려움이 더해진다. 모든 가능성을 빠짐없이 나열해 과하거나 부족하지 않도록 세심하게 헤아리려면, 풍부한 경험에서 비롯된 패턴 인식 능력과 개념이나 관계성을 파악하는 추상적 사고력 같은 뛰어난 지성이 필요하다.

수학에서는 가능한 경우를 모두 고려해서 그 경우가 몇 가지인지를 셀 때 **경우의 수를 구한다**고 한다. 학교 입학시험은 물론, 입사 시험이나 공무원 시험에서도 경우의 수 문제를 자주 출제하는 이유는, 이 문제가 수험자의 지성을 측정하는 최적의 방법이기 때문이다.

경우의 수를 세는 4가지 방법

사물의 개수를 셀 때는 기본적으로 아래의 2가지 항목에 주목해야 한다.

- **순서를 따지는가**
- **중복을 허용하는가**

각각 '따진다', '따지지 않는다', '허용한다', '허용하지 않는다'처럼 두 유형이 있으므로, 2×2로 총 4가지 방법이 있는 셈이다.

순서를 따지는 방법은 **'순열'**, 따지지 않는 방법은 **'조합'**이라고 한다. 또, 중복을 허용하면 각 방법 앞에 '중복~'이 붙는다.

A, B, C 세 사람 가운데 두 명을 고르는 상황을 이용해 각 방법의 구체적인 사례를 들여다보자.

- **순열(순서를 따진다 & 중복을 허용하지 않는다)**

→A, B, C 세 사람 가운데 반장과 부반장을 고를 때

- **조합(순서를 따지지 않는다 & 중복을 허용하지 않는다)**

→A, B, C 세 사람 가운데 편의점에 갈 두 명을 고를 때

- **중복 순열(순서를 따진다 & 중복을 허용한다)**

→A, B, C 세 사람 가운데 사장 상과 부사장 상을 받을 두 명을 고를 때

- **중복 조합(순서를 따지지 않는다 & 중복을 허용한다)**

→A, B, C 세 사람 가운데 캔 커피 2개를 마실 사람을 고를 때

각 경우의 수를 표로 정리했다.

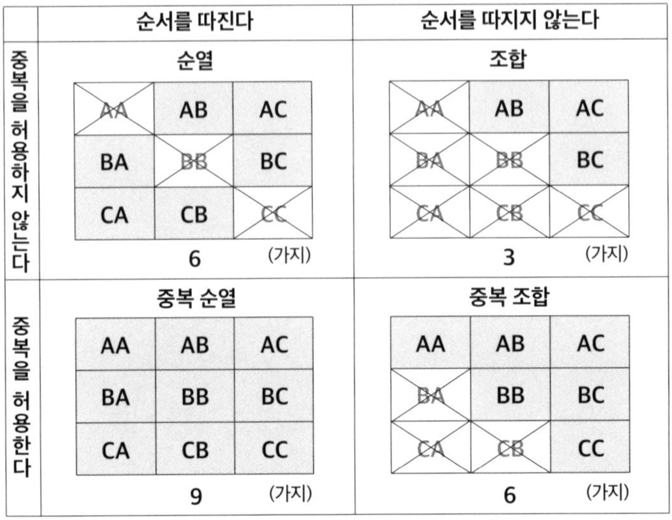

먼저 '순열'을 설명하고, 이어서 '조합'을 설명하겠다.

순열의 수 구하기

5개의 숫자 1, 2, 3, 4, 5 가운데 (중복을 허용하지 않고) 숫자 3개를 골라 나열할 때, 세 자리 숫자는 총 몇 가지가 나오는가?

백의 자리부터 차례대로 숫자를 정해보자.

- 백의 자리: 1~5 모든 숫자가 가능하므로 5가지
- 십의 자리: 백의 자리에 쓴 숫자를 제외한 4가지
- 일의 자리: 백의 자리와 십의 자리에 쓴 숫자를 제외한 3가지

만들 수 있는 세 자리 숫자의 개수는 다음과 같다.

백의 자리		십의 자리		일의 자리		
5	×	4	×	3	=	60(가지)

당연히 세 자리 숫자 '123'과 '321'은 다르므로 순서를 따져야 한다. 즉, 지금 구한 가짓수는 **'순열'의 총수다.**

수학에서는 **서로 다른 n개에서 중복을 허용하지 않고 r개를 나열하는 순열 (permutation)의 총수**를 영어 머리글자를 따서 $_n\mathrm{P}_r$ 로 표현한다. 앞선 예시에서는 '서로 다른 5개에서 중복을 허용하지 않고 3개를 나열하는 순열'이므로 이렇게 나타낸다.

$$_5\mathrm{P}_3 = 5 \times 4 \times 3 = 60$$

기계적으로 생각하면 $_5\mathrm{P}_3$는 '5'부터 시작해 1씩 빼가며 '3'개의 수를 곱하면 된다. 마찬가지로 $_n\mathrm{P}_r$은 'n'부터 시작해 1씩 빼가며 'r'개의 수를 곱하면 된다.

계승

$_n\mathrm{P}_r$ 문제를 몇 가지 풀어보자.

$$_5\mathrm{P}_2 = 5 \times 4 = 20$$

$$_{10}P_3 = 10 \times 9 \times 8 = 720$$

$$_4P_4 = 4 \times 3 \times 2 \times 1 = 24$$

마지막 $_4P_4$는 '$4 \times 3 \times 2 \times 1$'로 계산하며, 숫자 n에서 시작해 1씩 빼가며 '1'까지 곱하는 문제다. 이러한 계산을 **n의 계승**이라고 하며, $n!$로 나타낸다.

$$_4P_4 = 4 \times 3 \times 2 \times 1 = 4!$$

$$_nP_n = n \times (n-1) \times \cdots \times 3 \times 2 \times 1 = n!$$

해답 120가지

해설

업무 ①~⑥ 가운데 ①, ③, ⑤의 순서는 정해져 있으므로 적절한 전략이 필요하다. 이 세 업무를 ●로 바꾸어보자.

① ② ③ ④ ⑤ ⑥

↓

● ② ● ④ ● ⑥

왜 이렇게 할까? ●×3개와 ②, ④, ⑥을 정렬한 뒤, **● 3개에 왼쪽부터 차례로 ①, ③, ⑤를 넣으면, '업무 ③은 업무 ①보다 나중에 하고, 업무 ⑤보다 먼저 한다'**는 규

칙을 반드시 따르기 때문이다.

예)　●　②　●　④　●　⑥

⑥　②　●　④　●　●

↑　↑　↑

①　③　⑤

즉, 이 문제는 ●×3개와 ②, ④, ⑥을 정렬해(순열) 총수를 세면 풀린다.

6개에서 6개를 고르는 순열의 총수는 ${}_6P_6 = 6!$가지이지만 6개 가운데 3개는 똑같이 ●이므로 **● 3개를 정렬한 가짓수(${}_3P_3 = 3!$가지)가 중복된다.**

따라서 경우의 수는 이렇게 구한다.

$$\frac{{}_6P_6}{{}_3P_3} = \frac{6!}{3!} = \frac{6\times5\times4\times3\times2\times1}{3\times2\times1} = 6\times5\times4 = \mathbf{120}(\text{가지})$$

지성으로 헤아리기(2) 조합

【문제 29】

인사과에서 남자 5명과 여자 5명, 총 10명의 사원 가운데 5명을 골라 프로젝트 팀을 만들려고 한다. 이때, 팀에는 여자가 최소 2명 포함되어야 한다. 팀을 구성하는 방법은 총 몇 가지인가?

앞에서 '순열'을 배웠는데, 실생활이나 비즈니스 현장에서는 몇 가지를 순서대로 배치하는(순서를 따져서 고르는) 상황보다, 그저 선택만 하는(순서를 따지지 않고 고르는) 상황이 더 많은 듯하다.

예를 들어, 출장을 간다고 하면, 양복과 넥타이 같은 의류, 충전기와 케이블 같은 전자 제품, 가는 길에 읽을 만한 책 등 다양한 물건을 챙겨야 하는데, 물건들을 챙기는 순서는 중요하지 않다.

따라서 총 경우의 수를 구하는 문제는 순열보다 '조합'이 익숙하다.

조합의 수 구하기

A부터 E까지 다섯 문자에서 세 문자를 고르는 **'조합'**을 생각해보자. 조합은 **순서를 고려하지 않는다.** 문자 3개를 골라서 배치를 다르게 했더라도 같은 조합으로 보는 셈이다. 순열에서는 'ABC'와 'BCA'가 다르지만, 조합에서는 같다. 여기서 A~E 다섯 문자에서 세 문자를 고르는 '순열'과 '조합'을 비교해보자.

A, B, C 3개를 나열하는 순열의 총수는 다음 그림처럼 ${}_3P_3=3\times2\times1=3!$

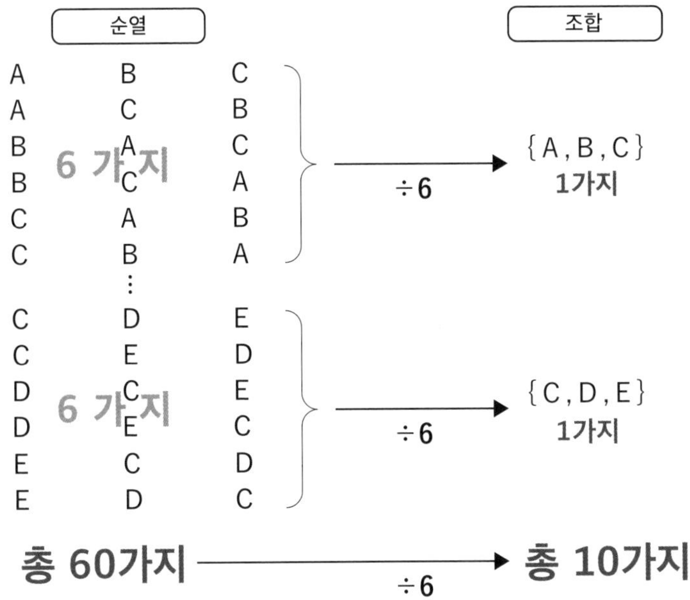

가지이지만, 조합에서는 {A, B, C} 1가지다. 다른 문자를 고를 때도 마찬가지이므로, 식은 이렇게 세워진다.

$$조합의\ 총수 = \frac{순열의\ 총수}{3!}$$

이처럼 조합의 총수는 순열에서 중복하는 나열을 빼면 나온다.

보통 **서로 다른 n개에서 중복을 허용하지 않고 r개를 고르는 조합**(combination)**의 총수**는 영어의 머리글자를 따서 $_nC_r$로 표현한다.

5개에서 3개를 고르는 순열은 $_5P_3(=5\times4\times3=60)$가지였으므로, 5개에서 3개를 고르는 조합의 총수 $_5C_3$는 이렇게 계산한다.

$$_5C_3 = \frac{_5P_3}{3!} = \frac{5\times4\times3}{3\times2\times1} = 10(\text{가지})$$

일반화하면 다음과 같다.

$$_nC_r = \frac{_n\mathbf{P}_r}{\boldsymbol{r}!}$$

해답 226가지

해설

문제에서 여자가 최소 2명 포함되어야 한다고 했다. 단순하게 생각하면 아래의 경우를 모두 구해야 한다.

- 여자가 2명 포함될 때
- 여자가 3명 포함될 때
- 여자가 4명 포함될 때
- 여자가 5명 포함될 때

하지만, 이 방법은 다소 번거로우므로 **거꾸로 생각해보자.**

- 여자가 1명 포함될 때
- 여자가 포함되지 않을 때

이 2가지 경우를 구해 **전체**(10명 가운데 5명을 고르는 조합의 총수)**에서 빼는**

것이다.

수학에서는 정석대로 구하기 번거로울 때 **'전체에서 나머지를 뺀다'는 방법**을 종종 사용한다. 이를테면, 그림의 도형에서 회색 부분의 넓이를 구할 때도 유용하다.

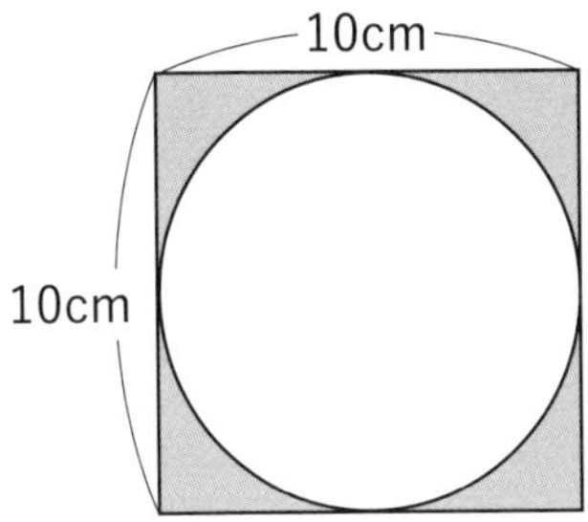

전체 나머지

$$10 \times 10 - 5 \times 5 \times \pi$$
$$= 100 - 25\pi \ (\text{cm}^2)$$

(π는 원주율)

- **여자가 1명 포함될 때**

남녀가 5명씩 있을 때, 남자 4명, 여자 1명을 선택하므로 이렇게 계산한다.

$${}_5C_4 \times {}_5C_1 = \frac{{}_5P_4}{4!} \times \frac{{}_5P_1}{1!} = \frac{5 \times 4 \times 3 \times 2}{4 \times 3 \times 2 \times 1} \times \frac{5}{1} = 25(\text{가지})$$

주) '5명 가운데 4명 선택'과 '5명 가운데 1명 선택'은 결국 마찬가지이므로 '${}_5C_4={}_5C_1$'이다. 이 개념을 이용하면 위의 식은 '${}_5C_4 \times {}_5C_1={}_5C_1 \times {}_5C_1$'이 되므로 계산이 한결 수월해진다.

- **여자가 포함되지 않을 때**

남자 5명을 모두 선택하므로, 계산식은 이렇다.

$$ {}_5C_5 = \frac{{}_5P_5}{5!} = \frac{5\times4\times3\times2\times1}{5\times4\times3\times2\times1} = 1(\text{가지}) $$

주) 계산하지 않아도 '전체를 선택'하는 경우의 수는 당연히 1가지다.

- **전체**

총 10명 가운데 5명을 선택하므로, 계산식은 이렇다.

$$ {}_{10}C_5 = \frac{{}_{10}P_5}{5!} = \frac{10\times9\times8\times7\times6}{5\times4\times3\times2\times1} = 252(\text{가지}) $$

따라서 정답은 다음과 같다.

$$ 252-(25+1) = \mathbf{226(\text{가지})} $$

확률-미래의 가능성 수치화하기

【문제 30】

빅테크 기업에서 새로운 인공지능(AI) 시스템을 개발하고 있다. 이 시스템은 3가지 주요 모듈로 구성되어 있으며, 각 모듈의 개발 성공률은 다음과 같다.

- 모듈 A: 성공률 80%
- 모듈 B: 성공률 70%
- 모듈 C: 성공률 60%

전체 시스템이 성공하려면 적어도 2가지 모듈이 성공해야 한다. 각 모듈은 독립적으로 개발되며 한 모듈이 실패해도 다른 모듈의 개발에는 영향을 미치지 않는다.

기업은 2가지 전략을 검토하고 있다.

전략 ①: 모든 모듈을 동시에 개발한다

전략 ②: 모듈을 1개씩 차례대로 개발하고, 모듈 2개가 성공한 시점에서 개발을 종료한다(A→B→C 순)

전체 시스템의 성공률이 높은 쪽은 어느 전략인가?

비즈니스계는 시시각각 변하므로 불확실성이 흘러넘친다. 내일 어떤 일이 벌어질지, 어떤 기회나 위기가 기다리고 있을지 전혀 예측할 수 없다.

그러나 우리는 늘 의사 결정을 해야 하고, 그 결과가 성공에 연결되는지도 판단해야 한다. 이런 상황에서 의지할 곳이 바로 '확률'이다.

확률은 미래의 가능성을 수치화해 객관적으로 평가할 수 있게 해준다. 우리는 확률을 이용해 과거 데이터나 경험에 근거해서 앞으로 일어날 수 있는 일의 개연성을 예측하고, 이것을 바탕으로 전략을 세울 수 있다. 확률을 자유자재로 다룬다면, 위기를 최소화하고 기회를 최대화하는 의사 결정을 자신 있게 내릴 수 있다.

'확률'이라는 말은 누구나 들어봤을 것이다. 그러나 확률은 오해하기 쉬운 개념이기도 하다.

확률이란 '일어나기 쉬운 정도'

가장 먼저 확률을 분명히 정의해두자.

확률이란 **'어떤 일이 일어나기 쉬운 정도를 나타내는 값'**이다. 보통 0 이상 1 이하의 숫자로 나타낸다. 반드시 일어날 확률은 1(100%)이고, 절대 일어나지 않을 확률은 0(0%)이다.

확률은 세 종류다

보통 확률을 하나로 뭉뚱그려 말하지만, 확률은 크게 '선험적 확률', '경험적 확률', '주관적 확률', 이렇게 3가지로 나뉜다.

각 확률의 차이를 이해하고 일상에서 만나는 수많은 '확률'이 어느 유형에 해당하는지 판별하는 일은 확률을 정확히 이해하고 오해를 피하는 데 중요한 첫걸음이 된다.

① 선험적 확률

일어날 수 있는 모든 경우의 수에 대해 특정 일이 일어날 경우의 수의 비를 말하며,

다음과 같이 정의한다.

$$\text{확률} = \frac{\text{특정한 경우의 수}}{\text{모든 경우의 수}}$$

중학교, 고등학교에서 주로 배우는 '확률'이다. 선험적 확률은 **'수학적 확률'**로 부르기도 한다. '확률'이라는 단어를 들으면 선험적 확률(수학적 확률)을 떠올리는 이들이 많을 것이다.

② 경험적 확률

동일한 시행을 여러 번 반복해서 얻은 정보로 구하는 확률이다.

이를테면, 동전을 100번 던져서 앞면이 53번 나왔을 때, 앞면이 나오는 경험적 확률은 다음과 같다.

$$\frac{53}{100} = 0.53(53\%)$$

경험적 확률은 **'통계적 확률'**이라고도 한다.

경험적 확률은 시행 횟수가 많으면 많을수록 선험적 확률에 가까워지는 경향이 있다. 동전을 1,000번, 10,000번 계속 던지면 통계적 확률은 선험적 확률(이론값)인 50%에 가까워진다. 이것을 대수의 법칙이라고 한다.

③ 주관적 확률

선험적 확률과 경험적 확률은 객관적인 계산이나 정보를 토대로 구하는데, **개인의 신념이나 경험을 근거로 구하는 확률**도 있다. 이것이 '주관적 확률'이다.

객관적이지 않은 확률은 의미가 없다고 생각하는 사람이 많을지도 모르겠다. 하지만 실은 다양한 의사 결정에서 주관적 확률은 중요한 역할을 한다.

이를테면, 의사가 환자의 증상을 진찰하고, 어떤 병일 가능성이 '높다', '낮다'로 판단하는 일은 그야말로 주관적 확률을 활용한 사례다.

그 외에도, 운동 시합에서 감독과 코치는 객관적인 데이터뿐 아니라, 선수의 상태나 시합의 '흐름' 등을 고려해 시합의 승패 확률을 주관적으로 판단하고 전략을 세운다.

20세기 중반 이후에 주관적 확률이 도입되면서, 정보가 부족한 상황에서도 통계적 추론을 할 수 있게 되었고, 확률론과 통계학의 적용 범위가 크게 넓어졌다. 현재는 베이즈 통계학, AI, 기계 학습 등 다양한 분야에서 주관적 확률을 활용하고 있다. 단, 지금도 객관적 확률과 주관적 확률을 해석하는 방법을 둘러싸고 철학적이고 수학적인 논의가 이어지고 있다.

여기서는 우선 확률의 기본인 '선험적 확률'을 다루고자 한다.

해답 둘 다 똑같다

해설

두 전략의 성공률을 계산해보자.

전략 ① (모든 모듈을 동시에 개발할 때)

적어도 2가지 모듈이 성공하는 확률을 계산한다.

3개 모두 성공: $0.8 \times 0.7 \times 0.6 = 0.336$

A와 B만 성공: 0.8 × 0.7 × 0.4 = 0.224

A와 C만 성공: 0.8 × 0.3 × 0.6 = 0.144

B와 C만 성공: 0.2 × 0.7 × 0.6 = 0.084

이 확률을 모두 더한다.

$$0.336 + 0.224 + 0.144 + 0.084 = 0.788$$

전략 ①의 시스템 성공률은 **78.8%**다.

전략 ② (차례대로 모듈을 개발할 때)

A가 성공하고 B도 성공할 확률: 0.8×0.7 = 0.56

A가 성공하고 B가 실패하고 C가 성공할 확률

: 0.8 × 0.3 × 0.6 = 0.144

A가 실패하고 B와 C가 성공할 확률

: 0.2 × 0.7 × 0.6 = 0.084

이 확률을 모두 더한다.

0.56 + 0.144 + 0.084 = 0.788

흥미롭게도 전략 ②에서도 성공률은 78.8%가 나왔다.

따라서 전략 ①과 전략 ②의 **성공률은 같다.**

덧붙여 이 결과는 단순한 우연이 아니다.

A, B, C 각각의 성공률을 문자 p_a, p_b, p_c로 바꾸어 계산하면 전략 ①과 전략 ②의 성공률은 항상 같다는 사실이 증명된다(두 계산식 모두 $p_ap_b+p_bp_c+p_cp_a-2p_ap_bp_c$가 나온다).

단, 비용을 고려하면 전략 ②가 유리하다. 전략 ①에서는 반드시 모듈 3개를 모두 개발해야 하지만, 전략 ②에서는 모듈 2개만 개발하면 끝나는 경우도 있기 때문이다.

기댓값

【문제 31】

어느 기업에서 신규 고객을 유치하기 위해 새로운 온라인 마케팅 캠페인을 하려고 한다. 이 캠페인을 하면 3가지 결과가 기대된다. 신규 고객을 몇 명 유치할 수 있겠는가?

① 캠페인이 크게 성공해, 신규 고객 1,000명을 유치할 확률은 30%

② 캠페인이 어느 정도 성공해, 신규 고객 500명을 유치할 확률은 50%

③ 캠페인이 실패해, 신규 고객을 100명밖에 유치하지 못할 확률은 20%

잠깐 수학의 역사를 이야기하자면, 확률이라는 개념이 생긴 시기는 17세기다. 지금은 가장 널리 알려진 수학 개념이라고 해도 과언이 아니지만, 놀랍게도 개념이 탄생한 지 겨우 400년밖에 지나지 않았다.

도형이나 방정식 등에 비해 확률에 관한 논의가 늦어진 이유는 미래는 신이 주관하므로 미래를 바꾸려면 신에게 기도하는 수밖에 없다고 오랫동안 믿어왔기 때문이다. 그런 시대에 **블레즈 파스칼**(1623-1662)과 **피에르 드 페르마**(1607-1665) 두 천재가 편지를 주고받으며 미래를 합리적으로 평가하는 길을 열었다.

파스칼과 페르마의 '미래를 합리적으로 보려는 시각'은 지금부터 소개할 개념인 **기댓값**으로 이어진다. 기댓값은 파스칼과 페르마가 편지를 주고받은 지 겨우 3년이 지나, 물리학과 천문학 분야에서 훌륭한 성과를 올린 네덜란

드의 **크리스티안 하위헌스**(1629-1695)가 만들어냈다.

기댓값이란

기댓값이란 말 그대로, **어느 시행에 기대되는 값**이다. '시행'이란 같은 조건에서 수없이 반복할 수 있으며, 결과가 우연에 따라 매번 달라지는 실험을 말한다.

아래의 표는 학생 A가 과거 10번 동안 수학 시험을 본 결과다(100점 만점).

점수(점)	90	80	70	60	합계
횟수	1	2	3	4	10

우선 시험 결과의 평균점을 구해보자.

$$\text{평균점} = \frac{90\times1+80\times2+70\times3+60\times4}{10} = 70(\text{점})$$

사실, 시험을 치르는 일을 시행으로 보거나, 시험 결과로 확률을 따지는 일은 적절하지 않다. 시험은 매번 같은 난도로 출제되지 않으므로 '수없이 반복하지' 못하고, 시험에 운이 따른다고 해도 '결과가 우연에 따라 결정되지'는 않기 때문이다. 그러나 여기서는 단순히 시험이 같은 조건에서 반복되며, 그 점수가 우연에 따라 결정된다고 가정하자.

그러면 10번 중 1번은 90점을 맞았으니, 90점을 맞을 확률은 $\frac{1}{10}$이 된다(이 확률은 경험적 확률이다). 다른 점수도 마찬가지로 계산해보자.

점수(점)	90	80	70	60	합계
확률	$\frac{1}{10}$	$\frac{2}{10}$	$\frac{3}{10}$	$\frac{4}{10}$	1

다음으로 '평균점' 계산식을 아래처럼 변형한다.

$$\frac{90\times1+80\times2+70\times3+60\times4}{10}$$

$$=90\times\frac{1}{10}+80\times\frac{2}{10}+70\times\frac{3}{10}+60\times\frac{4}{10}$$

평균점의 계산은 **'점수×그 점수를 맞을 확률'의 합**과 같다는 사실이 드러났다. 사실 이렇게 계산한 값이 **'기댓값'**이다.

지금, '뭐라고?'라고 생각했을지도 모르겠다.

그렇다. **평균(점)과 기댓값은 같은 값**이다.

다만, 보는 관점이 다르다. 평균은 어디까지나 과거의 결과를 보지만, **기댓값은 확률을 통해 미래를 내다본다.**

학생 A가 과거 10번의 시험에서 평균 70점을 받았으므로, 11번째 시험에서 70점을 맞으리라고 기대하는 편이 합리적이지 않은가? (50점을 기대하기란 지나치게 비관적이고, 90점을 기대하기란 지나치게 낙관적이다)

기댓값 구하기

기댓값을 구하는 방법을 일반화해보자.

값	x_1	x_2	x_3	…	x_n	합계
확률	p_1	p_2	p_3	…	p_n	1

x_1부터 x_n까지 값이 있고, 각 값을 얻을 확률이 위의 표와 같다면, 이 값의 기댓값은 다음과 같이 계산한다.

$$\text{기댓값} = x_1p_1 + x_2p_2 + x_3p_3 + \cdots + x_np_n$$

해답 570명

해설

문제의 조건을 표로 정리한다.

신규 고객 수(명)	1,000	500	100	합계
확률	$\frac{30}{100}$	$\frac{50}{100}$	$\frac{20}{100}$	1

기댓값을 계산한다.

$$1{,}000 \times \frac{30}{100} + 500 \times \frac{50}{100} + 100 \times \frac{20}{100} = 570(\text{명})$$

따라서 신규 고객 수의 기댓값은 **570명**이다.

제 III 부

제 9 장

통계 이해하고 활용하기

목표

현대 사회에서 통계 리터러시, 즉 통계를 이해하고 활용하는 능력은 직장인에게 필수 불가결한 역량이다. 감정과 경험에만 의존하기보다, 객관적인 정보를 바탕으로 의사 결정을 내리는 일은 날이 갈수록 중요해지고 있다.

따라서 제9장에서는 수많은 통계 방법 가운데 여러 분야에서 특히 널리 이용하며, 비즈니스 현장에 곧바로 적용할 수 있는 **'평균'**, **'표준 편차'**, **'가설 검정'**, 이 3가지를 자세히 설명하고자 한다.

항목마다 내용이 많지만, 통계를 처음 접하는 이들도 어렵지 않게 이해할 수 있도록 꼼꼼히 해설했다. 부디 차근차근 읽고 통계 리터러시를 향상하기를 바란다.

다양한 평균

【문제 32】

각각을 분석하는 데 적절한 평균을 아래 (가)~(다)에서 하나씩 고르시오.

(1) 고객 분석

→ 여러 고객이 구매한 금액으로 평균 구매액을 계산해 객단가를 파악한다.

(2) 생산 효율 분석

→ 일정 할당량을 채운 여러 생산 설비의 생산 속도로 평균 생산 속도를 계산한다.

(3) 코호트 분석

→ 특정 기간에 헬스장에 등록한 회원의 매달 근육 증가율로 평균 근육 증가율을 계산한다.

(가) 산술 평균 (나) 기하 평균 (다) 조화 평균

초등학생 때 '평균=합계÷개수'를 배운다. 우리에게 너무도 익숙한 이 '평균'은 정확히 말하자면 **'산술 평균'**이다.

사실 이외에도 다른 평균이 있다. 특히 **'기하 평균'**과 **'조화 평균'**은 비즈니스에서 중요하다. 기하 평균은 복리 계산이나 성장률 분석 등에 쓰인다. 조화 평균은 속도나 비율에 관한 정보를 다룰 때 도움이 된다.

각 평균을 적재적소에 사용하면, 상황에 맞는 정확한 판단이 가능해지고, 위험 평가, 투자 전략 평가, 효율적인 자원 분배 등 다양한 상황에서 더 올바른 의사 결정을 내릴 수 있다.

산술 평균 arithmetic mean

보통 '평균'이라고 했을 때 떠올리는 평균은 '합계÷개수'다.

$$\overline{x_A} = \frac{x_1+x_2+x_3+ \cdots +x_n}{n}$$

여기서 $\overline{x_A}$는 $x_1, x_2, x_3, \cdots, x_n$의 **'산술 평균'** 또는 **'상가 평균'**이라고 한다.

통계에서는 어느 변수(여러 값으로 변할 수 있는 수) x의 평균을 나타낼 때, x처럼 문자 위에 '$-$'를 붙인다. $\bar{x}$는 '엑스 바'라고 읽는다.

참고로 $\overline{x_A}$의 A는 산술 평균을 이르는 영어 'arithmetic mean'의 머리글자다. 다른 평균과 구별하고 싶을 때 붙인다. 앞으로 나올 $\overline{x_G}$와 $\overline{x_H}$에 붙은 알파벳 첨자도 각 평균을 나타내는 영어의 머리글자다.

기하 평균 geometric mean

n개의 정수 $x_1, x_2, x_3, \cdots, x_n$가 있을 때, 모든 수를 곱해 n 제곱근을 구하면 다음과 같다.

$$\overline{x_G} = \sqrt[n]{x_1 x_2 x_3 \cdots x_n}$$

여기서 $\overline{x_G}$는 $x_1, x_2, x_3, \cdots, x_n$의 **'기하 평균'** 또는 **'상승 평균'**이라고 한다.

주) n 제곱근은 다음에 설명하겠다.

기하 평균은 여러 기간에 걸친 복리, 성장률, 투자 수익률을 평균화하는 데 알맞다.

이를테면, 어느 회사의 연간 실적이 이렇게 올랐다고 하자.

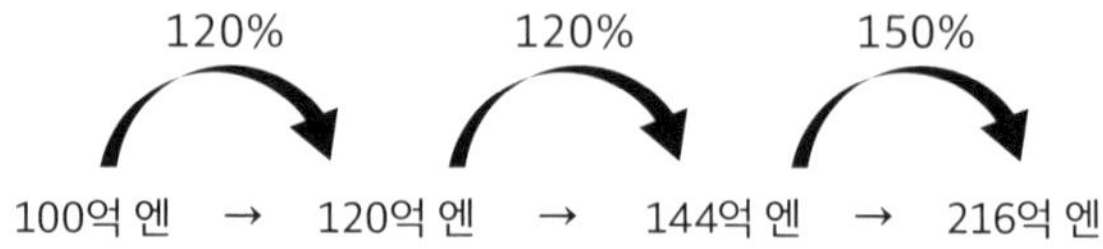

전년 대비 120%, 120%, 150%다. 이 회사의 평균 성장률을 구하려면, 단순히 이 수치를 더해서 3으로 나누는 산술 평균을 적용하면 될까?

직접 산술 평균으로 계산해보자.

$$\frac{120+120+150}{3}=130(\%)$$

만일 이 회사가 100억 엔부터 시작해 매년 전년 대비 130%씩 성장했다고 하면 100억 엔→130억 엔→169억 엔→219.7억 엔이 되므로, 실제 3년 후 실적인 216억 엔과 오차가 생긴다.

그러면 120%, 120%, 150%의 기하 평균을 구해보자.

$$\sqrt[3]{120\times120\times150}=129.26\cdots\quad(\%)$$

평균 성장률은 129.26…%가 나온다. 이 129.26…%를 적용해 매년 얼마나 성장했는지 계산해보면, 100억 엔이 3년 후에 정확히 216억 엔이 된다.

이 예시에서는 산술 평균과 기하 평균의 차가 작지만, 계산하는 숫자가 클수록 오차가 커진다.

기하 평균은 성장률이나 변화율처럼 **이전 값에 대한 비율로 표시하는 양의 평균**을 구할 때 사용한다.

처음 값 a_0에 비율 n개($p_1 \sim p_n$)를 차례로 곱해 최종값 a_n을 구한다고 하자.

$$a_0 \times p_1 \times p_2 \times \cdots \times p_n = a_n$$

즉, 이런 관계가 성립할 때, **비율 n개($p_1 \sim p_n$)의 평균에는 기하 평균을 써야 알맞다.**

조화 평균 harmonic mean

n개의 정수 $x_1, x_2, x_3, \cdots, x_n$가 있을 때, 각 **역수를 산술 평균한 뒤 그 값의 역수**를 구하는 식은 다음과 같다.

$$\frac{1}{\overline{x_H}} = \frac{\frac{1}{x_1} + \frac{1}{x_2} + \frac{1}{x_3} + \cdots + \frac{1}{x_n}}{n}$$

$$\Rightarrow \overline{x_H} = \frac{n}{\frac{1}{x_1} + \frac{1}{x_2} + \frac{1}{x_3} + \cdots + \frac{1}{x_n}}$$

이때, $\overline{x_H}$를 $x_1, x_2, x_3, \cdots, x_n$의 **'조화 평균'**이라고 한다.

주) 'a의 역수'란 a와 곱해서 1이 되는 수, 즉 $\frac{1}{a}$ 을 말한다.

조화 평균 식이 복잡하긴 하지만, **속도나 비율의 평균을 구할 때 유용하다.**

120km의 거리를 20km로 달려서 갔다가 30km로 되돌아왔다고 할 때, 왕복 평균 속력을 구해보자.

우선, 두 속력을 단순히 산술 평균해보자.

$$\frac{20+30}{2}=25(\text{km/시간})$$

따라서 평균 속력은 시속 25km다. 그러나 이 계산은 틀렸다.

평균 속력은 '총 이동 거리÷총 이동 시간'으로 계산해야 한다.

120km 거리를, 갈 때는 20km로 달렸으니 6시간이 걸렸고 올 때는 30km로 달렸으니 4시간이 걸렸으므로 총 10시간 동안 240km를 달린 셈이다. 따라서 올바른 평균 속력은 이렇게 계산해야 한다.

$$\text{평균 속력}=\frac{\text{총 이동 거리}}{\text{총 이동 시간}}=\frac{240}{10}=24(\text{km/시간})$$

답은 시속 24km다.

이 24라는 숫자는 20과 30으로 조화 평균을 구하면 나온다. 확인해보자.

$$\frac{2}{\frac{1}{20}+\frac{1}{30}}=\frac{2}{\frac{5}{60}}=2\div\frac{5}{60}=2\times\frac{60}{5}=24$$

왜 조화 평균을 이용하면 올바른 평균 속력이 나오는가는 문자식을 보면 명확히 드러난다.

거리 l을 속력 v_1로 갔다가 속력 v_2로 돌아왔다고 하고, 각각 걸린 시간을 t_1, t_2라고 하자.

$$v_1 = \frac{l}{t_1},\ v_2 = \frac{l}{t_2} \Rightarrow t_1 = \frac{l}{v_1},\ t_2 = \frac{l}{v_2}$$

거리 l을 왕복했으니, 총 $2l$을 시간 $t_1 + t_2$ 동안 달린 셈이므로 평균 속력은 다음과 같다.

$$\frac{2l}{t_1 + t_2} = \frac{2l}{\frac{l}{v_1} + \frac{l}{v_2}} = \frac{2}{\frac{1}{v_1} + \frac{1}{v_2}}$$

v_1과 v_2의 조화 평균 식이 도출되었다.

참고로, **이동 거리(l)가 같을 때만 조화 평균으로 평균 속력을 구할 수 있다.**

이동 거리가 다를 때는 총 이동 거리와 총 이동 시간을 계산한 뒤에 총 이동 거리 ÷ 총 이동 시간으로 구해야 한다.

n 제곱근이란

'a의 n 제곱근'이란 'n번 곱해서 a가 되는 수'를 말한다.

이를테면, $2^3 = 8$이므로 2는 8의 세제곱근이며 이렇게 나타낸다.

$$2 = \sqrt[3]{8}$$

중학교 때 배우는 '제곱근'은 2제곱근을 말하며, 자주 쓰는 표현이므로 보통 $\sqrt{\ }$ 왼쪽 위의 n을 생략한다.

$$3 = \sqrt[2]{9} = \sqrt{9}$$

n 제곱근은 공학용 계산기는 물론, 스마트폰 계산기로도 간단히 계산할 수 있다. 아이폰을 예시로 설명하겠다.

계산기를 공학용 계산기 모드로 변경하면, '$\sqrt[y]{x}$'라는 버튼이 나타난다. 이를테면, '1,000 → $\sqrt[y]{x}$ → 3 → ='을 누르면 1,000의 세제곱근(10)이 나온다.

해답 (1)…(가) (2)…(다) (3)…(나)

해설

(1) 고객 분석(여러 고객의 평균 구매액)

고객 4명의 구매액이 1,000엔, 1,500엔, 2,000엔, 3,500엔이었을 때, 평균 구매액은 '고르게 한다'는 뜻의 보통 평균을 사용하면 된다.

$$\frac{1,000 + 1,500 + 2,000 + 3,500}{4} = 2,000(\text{엔})$$

따라서 이 계산에 적절한 평균은 **산술 평균**이다.

(2) 생산 효율 분석(일정 할당량의 평균 생산 속도)

생산 설비의 생산 속도는 이렇게 계산한다.

$$\text{생산 속도} = \frac{\text{생산 수량}}{\text{시간}}$$

3시간 동안 제품 120개를 제조한 생산 설비의 생산 속도는 다음과 같다.

$$생산\ 속도=\frac{120}{3}=40(개/시간)$$

이때, 생산 속도가 각각 10(개/시간), 12(개/시간), 15(개/시간)인 3개의 생산 설비가 있고, 모든 생산 설비에서 할당량을 300개씩 채우고 있다고 하자.

할당량이 똑같으므로, 이동 거리가 같을 때 평균 속력을 구한 방식과 마찬가지로, **조화 평균**을 이용해 세 생산 설비의 '평균 생산 속도'를 구하면 된다.

$$평균\ 생산\ 속도=\frac{3}{\frac{1}{10}+\frac{1}{12}+\frac{1}{15}}=\frac{3}{\frac{6+5+4}{60}}=3\div\frac{15}{60}$$
$$=12(개/시간)$$

확인을 위해, 이 결과가 '평균 생산 속도=총생산량÷총 생산 시간'과 같은지 확인해보자.

세 생산 설비의 총생산량은 300×3=900개다. 할당량 300개를 생산하는 데 각 생산 설비가 걸린 시간을 계산하자.

$$300\div10=30(시간)$$

$$300\div12=25(시간)$$

$$300\div15=20(시간)$$

총 30 + 25 + 20 = 75시간이다.

이 값으로 '총생산량 ÷ 총 생산 시간'을 계산해보자.

$$900 \div 75 = 12(\text{개/시간})$$

따라서 조화 평균과 일치한다.

(3) 코호트 분석(회원의 평균 근육 증가율)

최근 디지털 마케팅에서 주목을 받고 있는 **'코호트 분석'**을 아는가? 코호트 분석이란 특정 시기에 공통된 행동을 한 고객(이를테면, 같은 달에 특정 앱을 다운로드한 사용자)을 하나의 그룹으로 묶고, 그 고객들의 행동을 시간의 흐름에 따라 관찰하고 분석하는 일을 말한다.

코호트(cohort)는 원래 '집단'이라는 의미다. 통계에서 같은 성질을 갖는 집단을 가리킬 때 사용하기 시작했다.

특정 시기에 헬스장에 등록한 회원의 3개월간 근육 증가율이 1개월째에는 10%, 2개월째에는 0%, 3개월째에는 21%였다고 하자. 여기서 주의해야 할 점은 특정 기간의 증가율이란, 어디까지나 그 기간(이를테면, 한 달)의 마지막 값에서 처음 값을 뺀 뒤 처음 값으로 나눈 수치라는 점이다.

$$\text{증가율} = \frac{\text{마지막 값} - \text{처음 값}}{\text{처음 값}} \times 100(\%)$$

처음 값에 1개월째, 2개월째, 3개월째 증가율(10%, 0%, 21%)을 차례대로 곱해도 3개월 후의 값이 나오지 않는다.

반면, 처음 값에 3개월분의 비율을 곱하면 마지막 값이 나온다. 여기서 '비율'이란 증가율에 100%를 더한 값을 말한다. 만약 10% 증가했다면 비율은 110%다.

우선 3개월분의 비율의 **기하 평균**을 구한다. 그리고 비율의 기하 평균에서 100%(1)를 빼면, 올바른 평균 증가율이 도출된다.

3개월분의 비율의 기하 평균을 구해보자. 10% 증가→비율 110%, 0% 증가→비율 100%, 21% 증가→비율 121%이므로 3개월분의 비율의 기하 평균은 다음과 같다(공학용 계산기를 이용하라).

$$\sqrt[3]{110\times100\times121} = 110(\%)$$

따라서 3개월간의 근육 증가율의 (기하) 평균은 이렇다.

$$110\%-100\%=10\%$$

표준 편차

> **【문제 33】**
>
> 두 소매점, 가게 A와 가게 B의 매출액을 분석했다.
>
> 각 가게의 과거 반년(6개월)간 매출액은 다음과 같다.
>
> | | | | | | | | |
> |---|---|---|---|---|---|---|---|
> | 가게 A: | 93 | 101 | 105 | 99 | 107 | 95 | (만 엔) |
> | 가게 B: | 90 | 102 | 110 | 98 | 114 | 86 | (만 엔) |
>
> 둘 중 매출 안정성이 높은 가게는 어디인지 고르시오.

사회인에게 가장 실용적인 수학을 하나 꼽자면 통계일 것이다. 내가 운영하는 '어른 수학 기술 학원'에서도 '통계를 배우고 싶다'는 목소리가 자주 들린다.

특히 21세기에 들어 인터넷이 보급되고 PC 기술이 비약적으로 발전하며 이전과는 비교할 수 없을 정도로 많은 정보가 생산되고 유통되면서, 이른바 빅데이터가 날로 축적되고 있다. 그 속에서 유익한 정보를 찾아내고 비즈니스에 활용하는 데 필요한 수학이 바로 통계다.

통계는 두 종류다

'통계'는 '합치다'는 의미의 '통(統)'과 '모으다'는 의미의 '계(計)'가 합쳐진 단어로, 정리하면 '모두 모으다'는 뜻이다. 수학과 관련한 대다수의 일본어는 중국에서 들어왔지만, '통계'는 일본에서 독자적으로 만든 용어다.

통계에는 크게 두 종류가 있다. 하나는 **'기술 통계'**이고, 다른 하나는 **'추측 통계'**다.

기술 통계란 **수집한 정보를 수치, 표, 그래프 등으로 정리해 전체 데이터가 나타내는 경향이나 특징을 밝히는 방법**을 말한다. 평균을 구하고, 원그래프나 꺾은선 그래프를 작성하는 방법도 기술 통계의 하나다.

반면, 추측 통계는 **일부 데이터(표본)를 보고 데이터가 속하는 전체 집단(모집단)의 성질을 확률적으로 추측하는 방법을 말한다.** 이 방법은 잘 섞은 된장찌개를 한 입 맛보고, 된장찌개에 든 모든 재료를 맞추는 일과 비슷하다.

표준 편차란

기술 통계에서도 추측 통계에서도, 정보를 분석할 때 **데이터가 어떻게 분포되어 있는가, 즉 데이터가 흩어져 있는 상태를 파악**하는 일이 가장 중요하다.

데이터가 어떻게 분포되어 있는가는 표나 그래프를 작성하지 않아도, 단 하나의 수치로 파악할 수 있다. 그 수치가 **표준 편차**다.

조금 더 상세히 말하자면 표준 편차는 **'평균에서 흩어진 정도'**를 가리키는 지표다. 참고로 여기서 말하는 '평균'은 산술 평균이다(앞으로도 마찬가지다).

표준 편차는 **데이터가 평균에서 얼마나 떨어져서 분포되어 있는가**를 나타내는 지표다. 표준 편차가 작으면 데이터가 대부분 평균값 가까이에 집중되어 있음을 의미하고, 반대로 표준 편차가 크면 데이터가 평균값에서 멀리 떨어져 광범위하게 분포되어 있음을 시사한다.

분산과 표준 편차

그러면, 표준 편차가 만들어진 과정부터 표준 편차를 구하는 방법까지 차례대로 살펴보자. 느닷없이 계산식부터 내놓아도 왜 그런 식이 도출되었는지 이해하기 어려우므로, 우선 구체적인 사례를 통해 표준 편차의 개념을 파악해보자.

A조	48	49	50	51	52
B조	30	40	50	60	70

(단위: 점)

평균

• A조

$$\frac{48+49+50+51+52}{5}=50(\text{점})$$

• B조

$$\frac{30+40+50+60+70}{5}=50(\text{점})$$

A조와 B조의 시험 점수를 표로 정리했다. 두 조의 평균은 모두 50점이다. 그러나 데이터가 흩어져 있는 정도는 크게 다르다. B조는 점수가 넓게 분포되어 있어, 흩어진 정도가 크다.

이 '평균에서 흩어진 정도'의 차이를 구체적으로 수치화하는 것이 목표다.

우선 '평균과의 차'를 표로 정리해, 그 값의 평균을 구해보도록 하자. 덧붙여 통계에서는 '평균과의 차'를 '편차'라고 한다.

[편차]

A조	-2	-1	0	1	2
B조	-20	-10	0	10	20

(단위: 점)

편차의 평균

- A조

$$\frac{(-2)+(-1)+0+1+2}{5}=0(\text{점})$$

- B조

$$\frac{(-20)+(-10)+0+10+20}{5}=0(\text{점})$$

어라?! 둘 다 0점이 나왔다.

사실 이건 우연이 아니다. **편차(평균과의 차)의 평균은 어떤 데이터든 반드시 0이 된다**(나중에 자세히 설명하겠다). 양수 값과 음수 값이 서로 상쇄되기 때문이다. 그러면 음수 값이 없도록 편차를 제곱한 뒤 평균을 구하면 어떨까?

우선 A조와 B조의 편차의 제곱을 표로 정리했다.

[편차²]

A조	4	1	0	1	4
B조	400	100	0	100	400

(단위: 점²)

편차²의 평균

- A조

$$\frac{4+1+0+1+4}{5}=2(\text{점}^2)$$

- B조

$$\frac{400+100+0+100+400}{5}=200(\text{점}^2)$$

이번에는 차이가 보인다.

흩어진 정도가 컸던 B조가 '편차²의 평균'도 크게 나타났다. '평균과의 차의 흩어진 정도'를 비교하려면 '편차²의 평균'을 계산해야 하는 모양이다.

따라서 이 값을 **'분산'**이라고 이름 붙였다.

분산 = 편차²의 평균

단, 분산에는 단점이 있다. 특히 다음 2가지가 큰 문제다.

① 값이 너무 크다

② 단위가 이상하다

예시에서도, B조의 분산은 200(점^2)이 나왔으며, 실제 데이터의 흩어진 정도와 비교해서 수치가 지나치게 커졌다. 또 '점^2'이라는 단위도 이해하기 어렵다.

그러나 분산의 문제를 해소하기는 어렵지 않다. 편차의 제곱을 평균한 것이 원인이므로, 단순히 제곱근($\sqrt{\ }$)을 구하면 된다. **표준 편차**는 이런 과정을 거쳐 만들어졌다.

$$\text{표준 편차} = \sqrt{\text{분산}} = \sqrt{\text{편차}^2\text{의 평균}}$$

표준 편차

- A조

$$\sqrt{\frac{4+1+0+1+4}{5}} = \sqrt{2} = 1.4142\cdots(\text{점})$$

- B조

$$\sqrt{\frac{400+100+0+100+400}{5}} = \sqrt{200} = 14.142\cdots(\text{점})$$

표준 편차는 원래 데이터와 단위가 같으며, 평균에서 흩어진 정도도 직감적으로 이해하기 쉽다는 장점이 있다.

단, 표준 편차에도 단점이 없지는 않다. √를 구해야 하므로 계산기가 없으면 값을 짐작하기 힘들다는 점이다. 따라서 어떤 정보가 평균과 멀리 떨어져 있느냐(혹은 가장 가까이 있느냐)만을 판단하고 싶을 때는, 분산을 사용하기도 한다.

표준 편차와 분산은 데이터가 흩어진 정도를 나타내는 지표로, 각각 장단점이 있다. 상황에 따라 적절히 선택해야 한다.

편차의 평균이 반드시 0이 되는 이유

문제를 해설하기 전에, 편차의 평균이 반드시 0이 되는 이유를 설명하겠다. 굳이 문자식으로 일반화하지 않고, 이미지로 풀어내고자 한다.

평균이란 '고르게 한다'는 의미다.

블록이 2개, 4개, 2개, 4개로 들쭉날쭉 늘어서 있는 모습을 상상해보자. 이 블록을 고르게 하면 블록이 3개씩 정렬된다(아래 그림 참조).

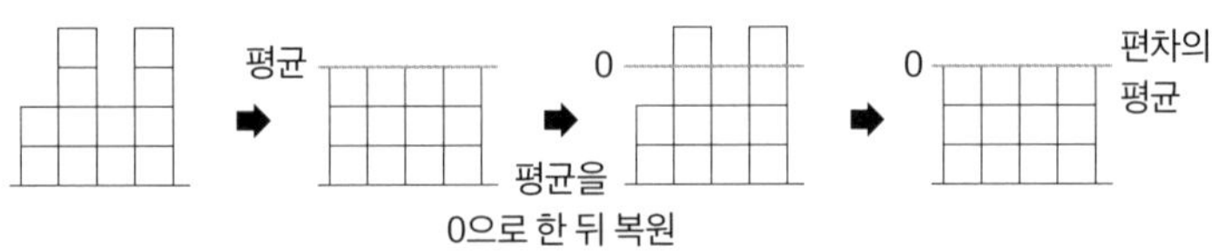

그다음, 고른 상태의 높이를 기준 '0'으로 설정하고 블록을 원래 상태로 복원한다. 편차란 이 '0'과의 차이다(이번 예시에서 편차는 −1, +1, -1, +1).

마지막으로 또다시 블록을 고르게 하면 어떨까? 물론 블록의 높이는 처음에 정렬했을 때의 높이, 즉 '0'이 된다. 0이렇게 편차의 평균이 반드시 '0'이 되는 이유를 이미지로 설명해보았다.

해답 가게 A가 안정성이 높다

해설

'매출 안정성이 높다'는 말은 '매출이 흩어진 정도가 작다'는 뜻이다. 즉, **매출의 표준 편차가 작은 쪽이 매출 안정성이 높다**고 평가된다.

표준 편차를 구할 때는 표를 작성하면 좋다.

【가게 A】

							합계	평균	
매출	93	101	105	99	107	95	600	100	(만 엔)
편차	-7	1	5	-1	7	-5	0	0	(만 엔)
편차^2	49	1	25	1	49	25	150	25	(만 엔^2)

【가게 B】

							합계	평균	
매출	90	102	110	98	114	86	600	100	(만 엔)
편차	-10	2	10	-2	14	-14	0	0	(만 엔)
편차^2	100	4	100	4	196	196	600	100	(만 엔^2)

가게 A와 가게 B의 분산(편차^{2}의 평균)은 각각 25(만 엔^2)과 100(만 엔^2)이다. 표준 편차 = $\sqrt{분산}$이므로 두 가게의 표준 편차는 다음과 같다.

$$가게\ A의\ 표준\ 편차 = \sqrt{25} = 5(만\ 엔)$$

$$가게\ B의\ 표준\ 편차 = \sqrt{100} = 10(만\ 엔)$$

매출의 표준 편차가 작은 쪽은 가게 A이므로, **가게 A가 매출 안정성이 더 높다.**

엑셀 같은 표 계산 프로그램에는 값을 입력하면 표준 편차를 구해주는 편리한 함수도 있지만, 위처럼 표를 만드는 일은 생각보다 간단하다. 직접 표를 작성해서 계산하면, 기계를 이용해 결과만 출력할 때보다 계산 과정을 이해하기 쉽고, 정보를 확신 있게 다룰 수 있지 않을까?

가설 검정

【문제 34】

한 음료 제조 회사에서 캔 커피의 품질을 개선하려고 한다. 무작위로 뽑은 30명에게 시제품을 시음하도록 하고 기존 제품보다 맛있는지 의견을 들은 결과, 21명이 '기존 제품보다 맛있다'고 대답했다.

이 설문 조사 결과를 토대로 '시제품이 (기존 제품보다) 맛있다'고 판단해도 되겠는가?

앞서, 기술 통계에 나오는 다양한 지표 가운데 특히 여러 분야에 널리 이용되는 표준 편차에 관해 설명했다. 이번에는 추측 통계 방법 가운데 **가설 검정**이라는 개념을 소개하고자 한다.

추측 통계에는 샘플(표본)을 조사해서 모집단의 특성을 확률적으로 예측하는 **추정**과 표본에서 얻은 정보의 차이가 오차인지 아니면 의미가 있는 차이인지를 검증하는 **검정**, 크게 2가지가 있다.

TV 시청률이나 선거 개표 속보 등은 '추정'이며, '하루에 커피를 두 잔 마시면 암을 예방할 수 있다' 같은 가설의 신빙성을 뒷받침하는 일이 '검정'이다.

가설 검정이란

가설 검정이란, 모집단의 분포나 성질 등을 보고 어느 가설의 옳고 그름을 **Yes or No 방식에 따라 통계적으로 판단하는 방법**이다.

이를테면, 친구가 '나는 다른 사람보다 가위바위보를 잘해'라고 호언장담했다고 하자. 당신이 '정말일까?' 하는 의문을 품고 친구와 가위바위보를 한 결과, 친구는 무승부 없이 4연승을 거머쥐었다. 이 결과를 보고 친구가 다른 사람보다 가위바위보를 잘한다고 말할 수 있을지, 가설 검정을 이용해 따져보자.

우선 '친구의 가위바위보 실력은 평범하다'고 가설을 세운다. 이 가설이 옳다면 친구가 가위바위보로 1번 이길 확률은 $\frac{1}{3}$이므로, 친구가 무승부 없이 4연승 할 확률은 다음과 같다.

$$\left(\frac{1}{3}\right)^4 = \frac{1}{81} = 0.0123\cdots = 1.23\cdots\%$$

아주 낮은 확률이다. 다시 말해 무승부 없이 4연승 하는 일은 아주 드문 사건이라는 말이다.

가설 검정에서는 **'거의 일어나지 않을 법한 일이 실제로 일어난 이유는 최초 가설이 틀렸기 때문이다'**라고 여긴다.

이번 상황에서 '친구의 가위바위보 실력은 평범하다'는 가설은 틀렸다는 말이므로, '친구는 다른 사람보다 가위바위보를 잘한다'고 판단한다.

가설 검정 순서

가설 검정 순서를 설명하도록 하겠다.

가장 먼저 증명하고 싶은 사항을 부정하는 가설을 세운다. 이 가설을 **귀무(歸無)가설**이라고 한다. 이 독특한 이름의 유래에 관해서는 여러 설이 있지만, 기각해 무로 되돌리고 싶은(없던 일로 하고 싶은) 가설이라고 해 이런 이름이 붙었다는 설이 유력하다.

귀무가설로 계산한 확률이 어느 기준보다 낮을 때, 귀무가설은 기각된다. 이 기준을 **유의 수준**이라고 하며, 귀무가설이 기각되었을 때 채택되는 가설(=증명하고 싶은 가설)은 **대립 가설**이라고 부른다.

유의 수준은 일반적으로 5%로 설정하지만, 학술 논문에서는 0.01% 정도로 설정하기도 한다. 당연히 유의 수준이 낮으면 낮을수록 엄밀한 검정이다.

앞선 사례에서 '친구의 가위바위보 실력은 평범하다'가 귀무가설이고, '친구는 다른 사람보다 가위바위보를 잘한다'가 대립 가설이다(유의 수준은 명기하지 않았다).

또, 귀무가설로 계산한 확률이 유의 수준 이하가 되면 '기각역에 들어간다'고 하며, 유의 수준을 넘으면 '채택역에 들어간다'고 한다.

【가설 검정 순서】

예) 친구가 가위바위보를 해서 무승부 없이 4연승을 했다. 친구는 다른 사람보다 가위바위보를 잘한다고 말할 수 있는가를 검정

가설을 세운다
귀무가설: 기각하고 싶은 가설
대립 가설: 채택하고 싶은 가설

귀무가설: 친구의 가위바위보 실력은 평범하다
⇒ 가위바위보를 1번 해서 이길 확률=$\frac{1}{3}$
대립 가설: 친구는 다른 사람보다 가위바위보를 잘한다

↓

유의 수준 결정

유의 수준은 5%로 설정

↓

귀무가설로 계산한 값이 기각역에 들어가는가, 채택역에 들어가는가를 판정

가위바위보로 4전 4승 할 확률=$\frac{1}{81}$=0.01234…

기각역에 들어간다 → **귀무가설 기각 대립 가설 채택**

채택역에 들어간다 → **판단 보류**

1.2%는 기각역에 들어가므로, '친구의 가위바위보 실력은 평범하다'를 기각하고, '친구는 다른 사람보다 가위바위보를 잘한다'를 채택

가설 검정의 주의점

가설 검정을 하는 데 특히 주의해야 할 2가지 사항을 강조하고자 한다.

첫 번째는 **'귀무가설로 산출한 값이 기각역에 들어갈 때만, 가설 검정에서 특정 결론을 도출할 수 있다'**는 점이다.

다시 말해서, 기각역을 어떻게 설정하느냐에 따라 유의미한 결론이 도출되는지가 결정된다는 뜻이다. 기각역을 정하는 확률을 '유의 수준'이라고 부르는 이유는 바로 이 때문이다.

귀무가설로 계산한 값이 채택역에 들어가면 '종종 발생하는 일이 일어났다', 즉 '확률적으로 봤을 때 이상한 결론이 아니다'라고 해석되며, 귀무가설을 부정하지 못한다. 하지만 그렇다고 해서 귀무가설이 반드시 옳다는 말은 아니다. '채택역'에 들어간다고 해도 **귀무가설은 절대 '채택'할 수 없다**는 사실을 알아야 한다.

이를테면, 새로운 약의 효과를 조사하려고, '신약과 기존 약의 차이는 없다'는 귀무가설을 세웠다고 하자. 그리고 가설 검정 결과, 귀무가설이 기각되지 않았다고 하자. 그럼에도 '신약은 기존의 약을 뛰어넘는 효과가 없다'고 결론 짓기는 이르다. 이번 실험 데이터로는 신약의 효과를 입증할 만큼 충분한 근거가 없다고 판단될 뿐이다. 더 큰 규모나 다른 방법으로 실험을 하면 신약의 효과가 증명될지도 모른다.

귀무가설이 기각되지 않는 경우, 우리는 '귀무가설은 옳다'가 아니라 '귀무가설을 기각할 만큼 충분한 증거가 없다'고 판단해야 한다.

두 번째로 중요한 주의점은 **'귀무가설은 확률이 계산되도록 설정한다'**는 점이다.

가설 검정에서 증명하고 싶은 사항은 대체로 '효과가 있다'거나 '중요한

(의미 있는) 차이가 확인된다' 같은 부등식(A≠B)으로 표현되는 일들인데, 차이가 있다고 가정해서 확률을 계산하기란 여간 어렵지 않다.

앞선 예시에서도, 친구가 가위바위보에서 이길 확률이 $\frac{1}{3}$ 보다 크다고 가정하고 싶어도, 확률을 정확히 얼마로 가정해야 좋을지 판단하기 어렵다. 그러나 등호(A=B)로 표현되는 가정이라면, 예시처럼 확률을 계산하기 쉬워진다.

결국 차이가 있음을 밝히고 싶을 때는, **차이가 없음을 귀무가설로 설정**해서 확률을 계산한다. 그렇게 계산한 값이 기각역에 들어가면 실제로 밝혀내고 싶었던 대립 가설이 채택된다.

가설 검정은 증명하고 싶은 사실의 결론을 부정하고 모순을 끌어내서 증명하는, 이른바 '귀류법'과 유사한 사고법이다. 실제로 가설 검정을 **'확률을 더한 귀류법'**이라고 부르기도 한다.

해답 판단해도 좋다(유의 수준을 5%로 설정)

해설

'신제품이 더 맛있다'를 밝히고 싶으므로 이를 부정한 '신제품과 기존 제품은 별 차이가 없다'를 귀무가설로 하고, '신제품이 더 맛있다'를 대립 가설로 정한다.

'신제품과 기존 제품은 별 차이가 없다'는 귀무가설이 참이라면, 시음자는 우연에 따라 신제품이 맛있다거나 그렇지 않다고 대답한다. 즉, 시음자가 신제품이 맛있다고 대답할 확률은 $\frac{1}{2}$이다.

이 확률은 동전을 던져서 앞면이 나올 확률과 같으므로, 귀무가설에서 30명 가운데 n명이 '신제품이 맛있다'고 대답할 확률과 동전 30개를 던져서 앞면이 n개 나올 확률은 같다.

이번 설문 조사에서는 21명이 '신제품이 더 맛있다'고 대답했다.

따라서 동전 30개를 던져서 앞면이 나온 동전 수를 기록하는 실험을 200번 반복해(실은 엑셀의 RAND 함수를 이용해서 작성했다), 앞면이 21개 이상 나올 확률(경험적 확률)을 따져보기로 하자.

주) 왜 '21개 이상'인 확률을 구하는지는 나중에 보충 설명하겠다.

앞면이 나온 동전 수	0~5	6	7	8	9	10	11	12	13	14	15	16	17	18	19	20	21	22	23	24	25~30	합계
횟수	0	0	2	1	3	3	9	21	15	22	27	35	25	16	11	4	3	2	0	1	0	200

표를 보고 앞면이 21개 이상 나올 확률을 구해보자.

$$\frac{3+2+0+1+0}{200} = \frac{6}{200} = 3\%$$

이 확률은 유의 수준(5%)보다 작으므로, 귀무가설은 기각되고 대립 가설인 '신제품이 더 맛있다'가 채택된다. 즉, **'신제품이 더 맛있다'고 판단해도 좋다.**

주) 반복 시행이라는 방법을 이용해 동전 30개를 던져서 21개 이상 앞면이 나올 선험적 확률(수학적 확률)을 구하면 2.13…%가 나온다.

21개 이상으로 구하는 이유

30명 가운데 21명이 '신제품이 더 맛있다'고 대답한 결과를 통계적으로 분석할 때, 왜 동전 30개를 던져서 21개 이상이 앞면이 나올 확률로 바꾸어 생각할까? 한마디로 말하면 **'우연에 따른 결과를 유의미한 값이라고 착각할 위험**

을 최소화하기 위해서'다.

이를테면, 평균이 70점인 시험에서 80점을 맞은 학생이 어쩌다 100명 중 1명밖에 없었다고 하자. 이때 '80점을 맞은 학생은 전체의 1%밖에 없으므로 이 학생은 아주 우수하다'고 판단하기에는 성급하지 않은가? 어쩌면 85점이나 90점을 받은 학생이 잔뜩 있을지도 모르니 말이다.

그러나 만약 80점 이상 맞은 학생이 전체의 5%밖에 없다면, 80점 맞은 학생은 우수하다고 판단해도 좋다.

마찬가지로 딱 21명만 맛있다고 대답한 상황만 고려해서 확률이 유의 수준보다 낮다며(기각역에 들어올 만큼 아주 흔치 않은 일이 일어났다고 판단해), 귀무가설을 기각하는 것은 위험하다. 22명이나 23명이나 그 이상이 맛있다고 대답한 상황도 고려해야 하기 때문이다.

21명 이상이 '맛있다'고 답할 확률을 계산하면, 결과가 특정 방향(맛있다는 의견이 우세한 방향)으로 치우칠 가능성이 얼마나 드문지를 정당하게 평가할 수 있다. 이 확률이 낮으면, 21명이라는 결과는 우연히 일어나기 어려우며 신제품이 실제로 호평을 받았을 가능성이 높다고 판단할 수 있다.

따라서 귀무가설에서 30명 가운데 21명 이상이 '맛있다'고 대답할 확률 =동전 30개를 던져서 21개 이상이 앞면이 나올 확률로 판단했다.

제 IV 부

제 10 장

구체와 추상

목표

우리는 일상생활에서, 구체적인 사항에서 추상적인 개념을 도출하고 다시 반대로 추상적인 개념을 구체적인 사항에 적용하며 이해를 넓혀나간다.

제10장에서는 이 **'구체와 추상'의 왕복 운동을 자유자재로 오갈 수 있도록** 돕는 사고 기법을 소개한다.

사고 실험을 통해 자유로운 창의력을 키우고, **적절한 비유 드는 법**을 배워 복잡한 개념을 이해하기 쉽게 표현하는 기술을 익힌다. 또, **귀납법과 연역법을 분리**해서 이해해 논리적 사고력을 기르고, **토폴로지적 사고법**을 이용해 사물의 본질을 꿰뚫어 보는 힘을 배양한다. 이 방법을 구사하면 복잡한 문제를 단순하게 보고, 새로운 관점에서 해결책을 찾아낼 수 있을 것이다.

사고 실험

【문제 35】

회사에서 앞으로 AI를 도입해 전략적으로 의사를 결정하려고 한다. AI는 과거 데이터를 바탕으로 분석하는 데 매우 유용하므로 의사 결정의 효율성을 높일 수 있으리라 기대된다. 그러나 AI에는 논리적 판단과 감정적 측면이 결여되어 있어, 인간의 감정과 기업 문화에서 벗어난 의사 결정을 내릴 가능성이 있다.
이때, AI에 의사 결정을 맡기겠는가? 아니면 인간과 역할을 분담하겠는가? 만일 역할을 분담한다면 어떤 식으로 하겠는가? 결론뿐 아니라, 이유도 함께 답하시오.

제5장 귀류법에서 '물체의 낙하 속도는 물체의 무게와 관계없다'는 결론을 도출하는 갈릴레오의 사고 실험을 소개했다. 여기서는 '사고 실험'이 무엇인지 좀 더 자세히 파헤쳐본다.

사고 실험 사례① 테세우스의 배

역사상 유명한 사고 실험 가운데 하나인 **'테세우스의 배'**를 소개하고자 한다.

옛날 옛적, 고대 그리스에 테세우스라는 영웅이 있었다. 테세우스는 모험을 좋아했는데, 여행을 갈 때면 늘 배를 타고 다녔다. 그 배는 테세우스가 죽은 뒤에도 영웅의 위대한 업적을 칭송하는 기념비로서 소중히 보관되었고, 많은 사람에게 사랑을 받았다.

그러나 시간이 지나면서 배의 일부분이 부식되기 시작했다. 그래서 사람들은 상한 부품을 새로운 부품으로 교체하기로 했다. 그리고 결국, 배의 모든 부품이 새로운 부품으로 교체되는 날이 찾아왔다. 기존의 부품은 단 하나도 남지 않았다.

여기서 한 의문이 들었다. 과연 모든 부품을 교체한 이 배는, 여전히 '테세우스의 배'라고 부를 수 있을까?

이 질문은 물체 동일성과 자기 동일성에 관한 철학적 문제를 제기하는 사고 실험이다.

사람의 몸도 세포 단계에서는 늘 변한다. 그러나 우리는 어제도 오늘도 자신이 같은 사람이라고 느낀다. 그러면 사람이나 물건이 시간과 함께 변할 때, 그 변화 속에서 '나다움'이나 '동일성'은 어떻게 보존되고 유지되는 것일까?

'테세우스의 배'는 **평소에 생각하지 않을 법한 문제에 대해 깊이 고민할 계기를 던져준 사고 실험**이다.

사고 실험 사례② 학과 거북

두 번째로, 수학 응용문제로 유명한 학과 거북 문제를 설명하겠다. 이 문제도 일종의 사고 실험이다.

(문제)

학과 거북이 총 7마리 있는데, 다리를 헤아려보니 모두 22개였다. 학과 거북은 각각 몇 마리씩 있는가?

(해답)

7마리가 모두 학이라고 하자.

그러면 학의 다리는 2개이므로, 다리의 총수는 다음과 같다.

$$2 \times 7 = 14(\text{개})$$

문제에서는 다리가 모두 22개라고 했으므로, 8개가 부족하다. 거북의 다리는 4개이므로, 학 1마리를 거북 1마리로 대체하면 다리는 2개 늘어난다. 그러면 부족한 다리 8개를 채우려면 거북이 몇 마리 필요한가?

$$8 \div 2 = 4(\text{마리})$$

학 4마리를 거북으로 바꾸면 된다. 따라서 정답은 아래와 같다.

학: $7-4=3$(마리), 거북: $0+4=4$(마리)

학과 거북 문제 자체는 연립 방정식으로도 간단히 풀린다. 그러나 위에서 학과 거북 문제를 푼 방법은 '전부 학으로 (혹은 거북으로) 본다'는 **극단적인 사례를 상정해 올바른 답을 찾아내는 일종의 사고 실험**이다.

이 사고 실험은 문제를 해결하는 데 꼭 필요한 사고 과정이며, 현대 사회에서 복잡한 문제를 대처하는 데 기초가 되는 능력이다.

사고 실험 활용법

사고 실험이란, 현실 가능성에 사로잡히지 않고 가상의 상황을 상정해 그 안에서 일어날 수 있는 결과를 논리적으로 따지는 방법이다. 현실 세계에서 직접 실험할 수 없는 비현실적인 상황을 상정해, 다양한 각도로 따져가면 새로운 통찰을 얻을 수 있다.

사고 실험을 활용하는 방법을 자세히 소개하도록 하겠다.

- **극단적인 상황 상정하기**

어느 사건의 본질이나 결점이나 위험을 분명히 밝힐 때, 극단적인 상황을 상정하면 도움이 된다. 이를테면, '만일 자사의 주력 제품의 수요가 갑자기 0이 된다면' 같은 극단적인 상황을 상상하면, 사업의 취약점이나 새로운 가능성이 보일지도 모른다.

- **가설을 세워서 검증하기**

사고 실험을 통해 가설을 세운 뒤, 이를 실제 비즈니스 현장에서 검증하는 과정을 반복하면, 의사 결정이 한층 확실해진다. 이를테면, '고객 만족도를 높이려면 응대 시간을 단축하기보다, 설명을 정성스럽게 해야 한다'는 가설을 세워 실제로 검증해보는 식이다.

- **팀 논의에 활용하기**

팀의 브레인스토밍이나 논의에 사고 실험을 적용하면 다양한 시점에서 의견을 도출할 수 있다. '만일 경쟁 회사가 모두 물러난다면, 우리는 어떤 전략을 취해야 하는가'라는 주제로 논의를 진행하면 새로운 아이디어가 나올 가능성이 있다.

사고 실험 훈련법

사고 실험 능력을 기르는 데는 일상적인 훈련이 유용하다. 이를테면, 뉴스를 볼 때 '만일 사건이 10배 큰 규모로 벌어졌다면, 어떤 영향이 미칠까?'라는 식으로, 평소 생활 속에 사고 실험을 습관화하는 것이다.

또, 비즈니스 서적이나 경영자의 전기 등을 읽을 때, 그 안에 묘사된 상황에 자기 자신을 대입해보는 것도 좋은 방법이다. 사고 실험을 통해 얻은 통찰력을 실제 비즈니스 전략이나 의사 결정에 반영하면 한층 창의적이고 효율적으로 문제를 해결할 수 있다.

예시 해답

AI의 매력은 과거 데이터를 효율적으로 분석하는 능력과 단기간에 대량의 데이터를 처리하는 능력이다. 그러나 사업에는 감정적인 요소, 사회적 책임, 기업 문화 같은 무형 요소도 존재한다. 그러므로 과거 데이터를 따르지 않고 인간적인 판단을 해야 하는 상황도 비일비재하다.

따라서 의사 결정 과정을 AI에 몽땅 맡기기보다, 어디까지나 보조 역할을 하도록 해야 한다.

자세히 설명하자면, 데이터를 바탕으로 예측하거나 분석하는 일은 AI에 맡기고, 인간이 그 결과를 토대로 최종 판단을 내리는 체제가 옳다. 특히 전략적인 의사 결정이나 논리적인 판단을 필요로 하는 상황에서는 인간의 개입이 불가피하다.

해설

이 사고 실험은 다양한 위치에서 문제를 검토하는 **다각적 관점**, 아이디어를 뒷받침하는 근거나 논리를 분명히 하는 **논리적 사고**, 사업이나 사회와 관련된 **미래를 통찰하는 능력** 등을 기를 수 있다.

적절한 비유 들기

【문제 36】

'지식은 힘이다'라는 개념을 자연 현상에 비유해 표현하시오.

'어둠은 어둠을 몰아내지 못한다. 어둠을 몰아내는 건 오직 빛뿐이다.'

이 말을 들어본 적 있는가? 미국 인권 활동가 킹 목사(마틴 루터 킹 주니어)가 한 말이다.

또 이런 말도 있다.

'증오는 염산과 같다. 그걸 담은 그릇을 상하게 할 뿐이다.'

이 말은 대부분 『톰 소여의 모험』의 저자로 알려진 마크 트웨인이 했다고 알고 있지만, 사실 어느 신문에 실린 익명의 기사에서 인용했다고 한다.

두 문장 모두 '부정적인 감정이나 행동은 긍정적으로 접근하면 없앨 수 있다'는 교훈을 전한다.

여기서 주목해야 할 점은 적절한 비유다. 말할 것도 없이 적절한 비유는 사람을 설득하는 데 아주 큰 힘을 발휘한다.

교사인 나도 수학 개념을 설명할 때 다양한 비유를 든다. 이를테면, 미분과 적분의 차이를 이런 식으로 비유한다.

'미분은 완성한 직소 퍼즐을 흩트리는 일이며, 적분은 흩어진 퍼즐을 모아 복원하는 일이다.'

미분과 적분이 역연산 관계이며, 보통 미분보다 적분이 훨씬 어렵다는 점을 학생들이 이해할 수 있도록 이 비유를 생각해냈다.

비유가 효과적인 이유

비유가 누군가를 설득하는 데 효과적인 몇 가지 이유가 있다.

우선, 추상적인 개념을 이해하기 쉬운 **구체적인 형태로 바꾸기 때문에**, 난해한 내용도 친숙하게 느껴진다. 특히, 청자가 그 분야에 능통하지 않을 때, 비유를 들면 이야기의 핵심이 간결하게 전달되므로 설득하기 수월해진다.

또, 비유는 **감정에 호소하기도 좋다.** 비유는 흔히 일상에서 자주 보는 사물이나, 누구나 경험한 적 있는 감정이나 상황을 이용하므로, 청자는 '나도 같은 일을 경험했지' 하고 비유가 들어간 이야기에 깊이 공감한다.

게다가, 비유는 **기억에 쉽게 남는다**는 장점도 있다. 추상적인 개념은 금세 잊어버리지만, 비유는 시각적인 이미지도 따라오기 때문에 기억에 쉽게 남는다. '작은 노력이 쌓이고 쌓여 큰 결실을 이룬다'고 말하기보다 '물 한 방울 한 방울이 이윽고 양동이를 가득 채운다'라는 식으로 구체적인 이미지가 심어지게끔 말하면 훨씬 기억에 남지 않겠는가?

비유는 **복잡한 내용을 쉽게 전달하는** 힘도 있다.

즉, 비유는 추상적인 개념을 구체화하고 감정을 자극하며, 기억에 쉽게 남는 형태로 정보를 전달하는 구조를 가진다. 이 구조가 설득 과정을 원활하게 만들고 이해를 돕는다.

수학에 능한 사람은 비유도 능하다

뛰어난 비유를 드는 능력은 수학 실력과 밀접한 관련이 있는 듯하다. 실제로 내가 만난 많은 수학자, 과학자는 모두 비유가 뛰어났다.

왜일까? 수학이 갖는 특성이나 수학을 배우는 과정에서 길러지는 사고법과 관련이 있기 때문이다.

수학은 매우 추상적인 개념을 다룬다. 수식과 이론을 이해하고, 실제로 적용하려면 **추상을 구체화하는 능력**이 필요하다. 이 능력은 비유를 들 때 도움이 된다. 수학에 능한 사람은, 평소에 복잡한 추상을 구체적인 이미지로 변환하는 데에 익숙하므로, 다른 사람에게 무언가를 설명할 때 자연스럽게 비유를 든다.

또, 수학을 배우면 논리적으로 사물을 분석하고 **패턴을 찾아내는 능력**이 생긴다. 비유도 다른 것 사이에서 공통된 패턴을 찾아내고, 그 패턴을 이용해서 설명하는 방법이다. 수학적 사고 훈련을 하면 비슷한 패턴을 찾아내서 그것을 이용해 설명하는 일이 수월해지기 때문에, 비유를 효과적으로 들 수 있는 것이다.

게다가 수학에는 복잡한 문제를 **단순한 원리로 분해하는 능력도 필요**하다. 이 능력도 비유를 드는 데 활용된다. 비유는 복잡한 개념을 간단히 전달하는 도구이기 때문이다.

수학에 능한 사람은 복잡한 정보를 간소화해서 전달하는 훈련을 쌓아왔기 때문에, 단순하고 알기 쉬운 비유를 절로 들 수 있는 것이다.

적절한 비유 드는 법

그러나 걱정하지 않아도 된다. 수학을 잘하지 못하더라도, **방법만 알면 누구나**

적절한 비유를 들 수 있다.

그 방법을 순서대로 정리해보았다.

① 본질 파악하기

전하고 싶은 메시지의 핵심을 끄집어내, 그 내용에 알맞은 이미지를 고르는 일이 무엇보다 중요하다. 본질을 파악하지 못하면 비유가 어긋나므로 주의해야 한다.

② 본질과 공통점을 갖는 구체적인 사례 생각하기

추상적인 개념과 공통점을 갖는, 되도록 구체적이고 익숙한 사례를 떠올린다.

③ 시각적이고 단순한 이미지 만들기

비유는 단순하고 시각적일수록 좋다. 너무 복잡한 비유는 오히려 이해를 방해하므로 단순하고 명확한 이미지를 떠올리도록 하자.

④ 보편적인 진리 포함하기

자연법칙이나 물리적 사실처럼 누가 봐도 명확한 사실을 기반으로 비유를 들면 설득력이 높아진다. 처음에 소개한 두 비유도 빛이 어둠을 몰아낸다거나 염산이 그릇을 상하게 한다처럼 보편적인 사실을 이용했다.

⑤ 명언이나 고사성어에서 배우기

위인의 명언이나 고사성어에는 뛰어난 비유 표현이 많이 들어 있다. 이 말들을 참고해 비유의 폭을 넓혀가며, 비유 표현을 다듬어보자.

⑥ 일상에서 영감 얻기

일상만큼 비유 표현의 힌트가 여기저기 숨어 있는 곳은 없다. 주변에서 일어난 일이나 자연 현상을 자세히 관찰해 그곳에서 영감을 얻어 자신만의 비유를 만들어보자.

6가지 방법을 통해 다양한 비유를 시험해보고, 가장 설득력 있는 표현을 골라 멋진 표현으로 갈고 닦아보기를 바란다.

가능하다면 직접 만든 비유 표현이 상대방에게 어떤 식으로 전해졌는지 묻고 적극적으로 피드백을 받으면 좋다. 객관적인 의견을 들으면 개선점이 보이고 더 적절한 비유 표현을 만들어 나갈 수 있다.

예시 해답

지식은 강물의 흐름과 같다. 작은 물줄기가 이윽고 거대한 강으로 이어진다. 그 힘찬 흐름은 바위를 깎고 지형을 바꾼다.

해설

'지식은 힘이다'는 말의 **본질을 파악**하기 위해, 우선 그 의미를 깊이 탐구해보자. 이 말은 미래를 바라보며 지식을 쌓아나가는 사람들에게 보내는 응원이다. 지금 당장은 지식이 부족하더라도 노력을 거듭해 지식을 축적해나가면, 언젠가 강력한 힘으로 변한다는 사실을 시사한다.

따라서 '처음에는 작지만 서서히 성장해서 큰 힘을 갖는 것'이 무엇인지 떠올려보자. **본질과 공통점을 갖는 구체적인 사례를 생각해보는 것이다.** '눈사람'도 있겠지만, 눈사람에서는 '큰 힘'이라는 인상이 그다지 느껴지지 않는다.

성장해서 큰 힘을 발휘하는 존재를 거듭 고민한 끝에, '강'을 떠올렸다. 강은 산속에서 솟아나는 샘물에서 시작하지만, 흐르면서 다른 물줄기와 합쳐지며 이윽고 웅대한 줄기가 되어 바다로 흘러 들어간다. 강의 성장은 **시각적으로 단순한 이미지**가 떠오르는 데다 **보편적인 진리**를 담고 있으므로, 설득력이 높다. 게다가 이렇게 성장한 강은 주변 지형을 바꿀 정도로 가늠하기 어려운 힘을 가진다는 점도 지식이 가진 강력함과 닮았다.

귀납과 연역 활용법

【문제 37】

당신은 영업부 매니저다.

최근에 부하 A의 영업 실적이 저조하다.

[보고]

A는 입사 3년 차 젊은 사원이며, 그동안 순조롭게 실적을 쌓아왔다. 그러나 최근 3개월 동안, A의 수주 계약 수가 전년 대비 50% 감소했다. 실제로 A는 요즘 들어 고객과 약속을 취소하는 일이 늘어났다. 또 상사나 동료와 대화를 나누는 일도 줄어들었다.

위의 보고를 토대로 귀납법을 이용해 A의 영업 실적이 저조한 원인을 추측해보시오. 또, 연역법을 이용해 A의 영업 실적을 향상시킬 구체적인 대책을 3가지 제안하시오.

평소에 의식하지는 못하지만 우리는 **'추상'와 '구체' 사이를 넘나들며** 매일 의사 결정을 한다. 구체적인 사례를 추상화해서 일반적인 법칙이나 규칙을 도출하는가 하면, 반대로 일반적인 법칙을 각각의 구체적인 사례에 적용해 생각하기도 한다.

이를테면, '그 사람은 늘 약속 시간에 늦으니까 오늘도 늦을 거야'라는 결론은, 과거의 구체적인 경험에서 공통된 요소를 추출해 추상화해 미래를 예측했다고 볼 수 있다. 이 사례는 '구체'에서 '추상'으로 이어진 사고법이다.

반면, '노을이 졌으니 내일 날씨가 맑을 거야'라는 결론은, '노을이 지면 내일 날씨가 맑다'는 일반적인 자연법칙(관천망기: 추상화된 법칙)을 내일 날씨라는 구체적인 요소에 적용한 셈이다. 이 사례는 '추상'에서 '구체'로 이어진 사고법이다.

의사 결정을 할 때, 구체적인 사건과 추상적인 개념을 자유자재로 오가는 사고법은 아주 중요하다. 여기서는 이 사고법을 **의식적으로 활용해** 더 나은 전략을 세우고 과제를 해결하는 것을 목표로 한다.

귀납법과 연역법

'귀납법'을 들어본 적 있는가? 고등학교에서 수열을 배운 사람은 '수학적 귀납법'이라는 단원을 기억할지도 모르겠다.

귀납법이란 **각각의 구체적인 사례에서 일반적인 원리나 법칙을 도출하는 사고법**을 말한다. 이를테면, '작년도 재작년도 그 전 해도 벚꽃은 졌다. 따라서 벚꽃은 반드시 진다'고 추론하는 방법은 귀납법이다.

귀납법과 반대되는 추론 방법을 **'연역법'**이라고 한다. 연역법이란 **일반적인 원리나 법칙을 각각의 구체적인 사례에 적용하는 사고법**이다. 앞선 예시로 보면, 연역법은 이렇다. '벚꽃은 반드시 지므로, 올해도 벚꽃은 진다.'

둘 다 이미 알고 있는 사실에서 아직 모르는 사실을 추론하는 방법이지만, 그 접근 방법은 정반대인 점에 주목하자.

굳이 비유하자면, **과학은 귀납적이고 수학은 연역적**이다.

이를테면, **아이작 뉴턴**(1642-1727)은 '사과는 나무에서 떨어진다'는 일상 현상과 '달이 지구 주위를 돈다'는 천체 운동을 모두 '지구를 향해 떨어진

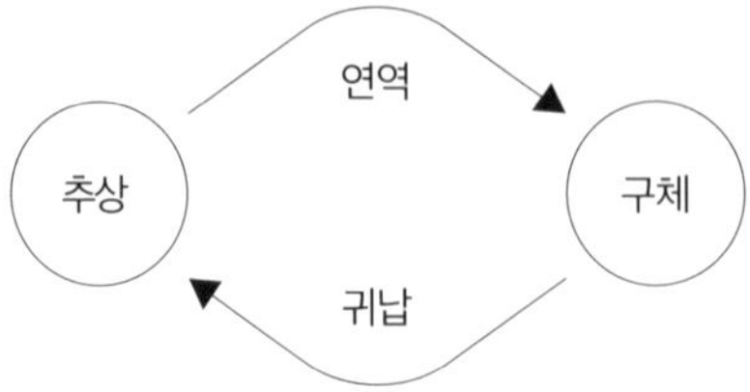

다'는 관점에서 바라보았다. 그리고 이런 현상을 관찰해서 '질량이 있는 물체는 서로 끌어당긴다'는 만유인력의 법칙을 도출했다. 구체적인 사례에서 일반적인 법칙을 이끌어내는 귀납법의 좋은 예다.

반면, 수학은 이미 증명된 일반적인 정리를 구체적인 사례에 적용해 문제를 해결한다. 이를테면, '이등변 삼각형의 두 밑각의 크기는 같다'는 정리를 이용해, 주어진 이등변 삼각형의 각도를 정확히 구해내는 일은 연역법적인 사고다.

귀납법의 약점

귀납법과 연역법은 모두 널리 사용되는 추론 방법이지만, 둘 다 약점이 있으므로 주의해야 한다.

귀납법의 약점은, 모든 사례를 검증하거나 그에 상응하는 논리적 증명을 하지 않는 한, 도출된 추상적 결론이 반드시 참이라고는 할 수 없다는 점이다. 귀납적인 접근으로 얻은 추상적 개념에는 '그럴 가능성이 높다'는 확률적인 요소가 포함되어 있음을 잊어서는 안 된다.

유명한 사례를 소개하겠다.

한때 유럽에서는 17세기 중반 무렵까지 모든 백조는 하얗다고 믿었다. 당시 관측된 백조가 모두 흰색이었기 때문이다. 그러나 1697년에 네덜란드 탐

험가 윌리엄 드 블라밍이 호주에서 검은 백조를 발견했다. 이 발견은 오랫동안 믿어왔던 '모든 백조는 하얗다'는 귀납적 결론을 뒤집어엎은 역사적인 사건이다.

이 '검은 백조' 사례는 귀납적 추론의 한계를 보여주는 사례로 널리 알려져 있다. 귀납법은 제한된 관찰을 바탕으로 일반적인 결론을 도출하는 방법으로, 그 결론이 항상 옳은 것은 아니다.

비즈니스계에서도 귀납법에 기초한 판단 실수는 생각지 못한 위험을 초래할 가능성이 있다.

이를테면, 어느 체인 카페가 도쿄, 나고야, 오사카, 후쿠오카 각 도시에서 성공을 거두었다고 하자. 이 성공 경험을 바탕으로 귀납적 추론에 따라 '당사의 비즈니스 모델은 전국에서 활용할 수 있다'고 결론지으면 위험하다. 이 성공은 '대도시'라는 도시들의 공통점에서 기원했을 가능성이 있기 때문이다. 지방 도시에 진출하면 예기치 못한 어려움에 직면할지도 모른다.

연역법의 약점

한편 연역법에는 **이론이 애초에 틀렸거나, 한정된 범위에만 들어맞는 이론을 그 밖의 범위에 적용할 위험**이 있다.

19~20세기에 유행한 '사회 다위니즘'이 그 사례다. '사회 다위니즘'은 다윈의 진화론, 특히 '자연 선택'과 '적자생존'이라는 개념을 인간 사회에 적용한 이론이다. 그러나 이 사상은 우생학과 인종 차별을 정당화하는 데 악용되었고, 그로 인해 초래된 비극은 역사가 증명하고 있다. 다윈의 이론은 어디까지나 생물학적인 진화를 설명한 이론이며, 윤리나 정치가 뒤섞인 복잡한 인간 사회에 그대로 적용하기에는 알맞지 않았다.

특히 현대 사회는 변화 속도가 빨라 과거 비즈니스 모델이나 성공 법칙이 대체로 통용되지 않는다. 시대에 뒤처진 '법칙'을 현재 상황에 억지로 끼워 맞추려는 행동은 연역법을 오용한 것이며 위험한 행동이다.

귀납적 사고와 연역적 사고 조합하기

비즈니스에서 상황과 목적에 따라 적절한 사고법을 선택하는 일은 아주 중요하다. 여기서는 귀납적 사고와 연역적 사고를 어떻게 나누어 사용해야 하는지 정리했다.

[귀납적 사고를 활용해야 하는 상황]

- **시장이나 고객 동향을 분석할 때**

고객 정보나 시장 조사 결과에서 새로운 경향이나 요구를 찾아낸다면 장래 동향을 예측할 수 있다.

- **새로운 아이디어나 전략을 도출할 때**

브레인스토밍을 하거나 아이디어를 떠올릴 때, 다양한 정보에서 공통점이나 패턴을 찾아내면 혁신적인 아이디어나 전략으로 이어질 가능성이 높다.

[연역적 사고를 활용해야 하는 상황]

- **기존의 규칙이나 방침에 따라 판단할 때**

회사 경영 방침이나 법 규제를 전제로 해서 구체적인 행동을 계획하는 데 도움이 된다.

- **문제 해결 과정을 명확히 할 때**

문제의 원인을 분석하고 기존 지식이나 이론을 바탕으로 해결책을 찾으면,

논리적이고 설득력 있는 제안을 할 수 있다.

효과적인 비즈니스 전략을 세우려면, **귀납적 사고와 연역적 사고를 조합**해야 한다. 우선, 귀납적 사고를 이용해 시장 조사나 데이터 분석을 하고 고객의 요구나 시장 경향을 파악한다. 그리고 도출된 결론을 바탕으로 연역적 사고를 이용해 구체적으로 제품을 개발하거나 마케팅 전략을 세운다.

이를테면, 시장 조사에서 건강 지향이 높아진다는 경향을 귀납적으로 찾아냈다면, 연역적으로 그 경향에 합치하는 건강식품의 개발 전략을 세우는 것이다.

이처럼 두 사고법을 균형 있게 활용하면 더 적확하고 효과적인 비즈니스 전략을 구축할 수 있다.

예시 해답

[귀납법을 활용해 이유 추측]

A의 수주 계약 감소, 약속 취소 증가, 대화 감소 같은 정보에서 **A가 모종의 이유로 의욕이 저하되었다**고 추측한다.

그 이유로는 **업무상 스트레스, 개인 문제, 컨디션 저조** 등의 가능성이 있다.

[연역법을 활용해 대책 제안]

- 이론 1: 의욕 저하는 성과 저하로 이어진다.
- 이론 2: 스트레스나 불안감을 줄이면, 의욕이 높아진다.
- 이론 3: 대화 부족은 문제의 초기 발견을 늦춘다.

[구체적인 대책]

① A와 면담해 상황을 듣는다.

업무상 문제나 고민을 듣고 구체적인 해결책을 함께 고민한다. 사적인 문제로 고민하고 있다면 상담 기관을 소개한다.

② A의 부담을 줄인다.

업무량을 조절하거나 지원 체제를 강화한다. 필요에 따라 휴가를 제공한다.

③ 부서 전체의 대화를 활성화한다.

정기적인 미팅이나 교류 행사 등을 개최해 가볍게 상담할 수 있는 분위기를 만든다.

해설

A의 주변에서 일어나는 구체적인 사례의 공통 요인인 '의욕 저하'를 귀납적으로 추측했다. 또한 일반적으로 옳다고 여겨지는 이론에 근거해 A의 영업 실적을 향상시키기 위한 방법을 연역적으로 제안했다.

토폴로지적 사고법

> **【문제 38】**
> 어느 회사가 제조업에서 서비스업으로 업종을 변경하려고 검토 중이다. 제품과 서비스를 '같다'고 보는 관점을 이용해 수월한 전환 전략을 제안하시오.

무언가를 이해하려고 할 때, 대상에 가까이 다가가 자세히 관찰하는 행동은 자연스러운 일이다. 하지만 아주 가까운 거리에서 상대를 보려는 미시적 관점에서는 본질이 보이지 않을 때도 있다. '숲을 보지 못하고 나무만 본다'는 말이 있는데, 세세한 부분에 지나치게 집착하느라 전체상을 보지 못한다는 뜻이다. 그럴 때는 세세한 '차이'는 무시하고 대상을 대담하게 바라보는 방식이 필요하다.

여기서 소개하는 **'토폴로지'**는 바로 그런 큰 틀로 바라보는 관점에서 탄생한 수학이다.

토폴로지란

20세기 초, 프랑스의 수학자 **앙리 푸앵카레**(1854-1912)는 '우주의 형태'를 탐구하겠다는 장대한 목표를 들며, 혁신적인 기하학인 **토폴로지**(위상 기하학)를 창시했다.

토폴로지에서는 고무 막이나 점토 같은 재료로 만든 A라는 도형을 자르거나 붙이지 않고 연속적으로 변형해 다른 도형 B를 만들었을 때, A와 B를 '같은 형태'(정확히는 '동상(同相)')로 본다.

예를 들어, 부드러운 재료로 만들어진 도넛 모양의 도형을 상상해 보자. 이 도형을 아래 그림처럼 변형해가다 보면, 마지막에는 머그컵 모양이 된다.

놀랍게도 토폴로지 관점에서 보면, 도넛과 머그컵은 '같은 형태'다.

토폴로지는 종종 **'부드러운 기하학'**이라고 불리는데, '부드러운'에는 2가지 의미가 있다. 하나는 다루는 도형의 재료가 부드럽다는 의미고, 다른 하나는 보통 '다르다'고 여기는 것을 '같다'고 보는 유연한 사고가 요구된다는 의미다.

사례로 든 머그컵과 도넛은 전혀 다른 형상처럼 보인다. 그러나 둘 다 '구멍이 하나다'라는 공통점이 있으므로, 토폴로지에서는 이 둘을 '같다'고 본다.

겉모습에 사로잡히지 않고 본질을 꿰뚫어 보는 유연한 사고야말로 토폴로지의 핵심이다.

지금 토폴로지는 현대 과학의 여러 분야는 물론, AI나 화상 인식, 네트워크 기술 등에서 필수적인 이론이 되었다. 늘 새로운 관점과 발견을 추구하는 사회인이라면 이런 토폴로지에서 배울 점이 많을 것이다.

이제 토폴로지 같은 유연한 사고가 업계에 혁신을 일으킨 사례를 설명하고자 한다.

나이키와 애플의 협업

2006년 당시, 나이키의 CEO 마크 파커와 애플의 CEO 스티브 잡스는 **디자인과 혁신을 통해 구매자에게 최고의 경험을 제공하고 싶다**는 뜨거운 열정을 품고 있었다. 두 회사의 **공통 목표**에서 탄생한 것이 2006년 5월에 발표된 '나이키+아이팟'이다.

나이키 운동화에 장착된 센서와 아이팟 나노에 연결되는 수신기를 결합해, 러닝을 하는 동안 실시간으로 정보가 수집되고 표시되도록 만든 혁신적인 제품이다. 음악과 운동을 결합한 참신한 아이디어는 사용자에게 새로운 러닝 경험을 제공했고, 나이키와 애플은 스포츠와 테크놀로지의 융합을 이끈 선구자가 되었다.

나이키+아이팟은 그 후 웨어러블 디바이스가 발전하는 데 큰 영향을 주었고, 시장에서 높은 평가를 받았다. 2007년에는 세계 3대 광고제 중 하나인 칸 라이언즈에서 여러 상을 받았다('나이키+'로).

이 성공은 나이키의 브랜드 가치를 높이는 데 공헌했을 뿐 아니라, 애플이 건강, 피트니스 분야에 진출하는 발판이 되기도 했다. 두 회사의 협업은 테크놀로지 업계와 스포츠 업계가 제휴한 눈부신 성공 사례로, 지금도 높이 평가받고 있다.

전혀 다른 분야인 나이키와 애플이 협업할 수 있었던 이유는, 만드는 제품은 달라도 밑바탕에 있는 기업 목표가 '같다'는 사실을 간파했기 때문이다. 그야말로 토폴로지적 사고법을 활용한 사례인 셈이다.

토폴로지적 사고법은 **고정 관념에 사로잡히지 않고, 자유로운 아이디어를 도출**하는 데 도움이 된다.

토폴로지적 사고법을 기르는 법

그러면 직장인이 어려운 수학을 공부하지 않고 토폴로지적 사고법을 기르려면 어떻게 해야 할까? 바로, 사물을 추상적으로 다루는 연습을 해야 한다. 여기서는 4가지 훈련 방법을 소개한다.

① 개념의 공통점 찾아내기

'고객 만족도'와 '직원 만족도'처럼 얼핏 다르게 보이는 개념의 공통점을 찾아보자. 공통점을 찾아내면 본질적인 과제나 해결책이 드러나기도 한다.

② 문제 단순화하기

복잡한 문제를 단순한 모델이나 그림으로 표현해보자. 문제의 본질을 발견하고, 이해하기 쉽게 정리할 수 있다.

이를테면, 조직도나 공정표 등을 활용해보자.

③ 비유 이용하기

앞에서 소개한 '적절한 비유 드는 방법'은 복잡한 사항을 쉽게 설명하거나, 추상적인 개념을 구체적으로 그리는 데 도움이 된다.

이를테면, '기업은 살아 있다'는 비유처럼 조직을 유기체로 생각하면, 조직의 성장과 변화를 더 깊이 이해할 수 있다.

④ 프레임워크 활용하기

제6장에서 소개한 매트릭스 같은 프레임워크를 활용하면, 사물을 다각적으로 분석하고 서로 다른 사례에서 공통된 구조를 발견할 수 있다.

예시 해답

- **제품의 서비스화**

제품을 직접 소유하는 방식에서, 구독하거나 사용하는 만큼만 비용을 내는 방식으로 전환한다.

예) 인쇄기 제조 회사가 제품 판매에서 인쇄 서비스 제공으로 전환한다.

- **제품을 중심으로 한 에코시스템 구축**

제품을 중심으로 관련 서비스 군을 개발한다.

예) 스마트폰 제조 회사가 단말기를 중심으로 앱을 개발해 클라우드 스토리지, 고객 지원 등의 서비스를 펼친다.

- **하이브리드 모델 채용**

완전 전환이 아니라, 제품과 서비스를 조합한 설루션을 제공한다.

예) 농기계 제조 회사가 기기 판매와 농업 컨설팅 서비스를 조합해 제공한다.

해설

위의 해답에서는 제품과 서비스가 **'고객 가치를 제공하는 수단'**이라는 **공통 특성**을 갖는다고 파악했다. 이 방식은 도넛과 머그컵을 '구멍이 1개인 입체 도형'으로 동일시하는 **토폴로지적 사고법**과 같다.

이 관점을 활용하면 제조업에서 서비스업으로 전환하는 일을 단순히 업종 변경이 아니라, 고객 가치를 제공하는 형태의 연속적인 변화로 볼 수 있다. 따라서 기존의 강점을 살리면서 새로운 비즈니스 모델로 수월하게 옮겨가는 전략을 세우기가 가능해진다.

제 IV 부

제 11 장

미분·적분식 사고 기르기

목표

미분이란 사물을 작게 분해해서 그 변화나 움직임을 파악하는 사고법이다. 마치 현미경으로 세상을 들여다보듯 **미시적 관점**으로 세세한 부분까지 관찰해, 본질을 꿰뚫어 보는 힘을 기른다.

반면 **적분**은 **거시적 관점**을 말하며, 이리저리 흩어진 정보를 집약해 전체상을 파악하는 사고법이다. 퍼즐을 맞추듯 한 조각 한 조각을 이어 붙여서 큰 그림을 그린다.

또한, 미분과 적분을 연결하는 **'미적분학의 기초 정리'**도 설명한다. 이 개념을 이해하고 사고에 적용하면 복잡한 문제를 간단하게 정리하고, 새로운 아이디어를 떠올릴 수 있다. 미시와 거시, 두 관점을 익히면 사물의 본질을 파악하고 더 깊이 이해할 수 있는 길이 열린다.

미분

【문제 39】

새로운 광고 캠페인의 효과를 분석하려고 한다.

광고비를 늘릴수록 상품의 인지도가 높아지고 판매량도 늘어날 가능성이 있다. 그러나 광고비에는 한계가 있어, 한없이 늘리지 못한다.

어떤 방법으로 광고비를 측정해야 비용 대비 효과가 극대화되겠는가?

비즈니스계에서 성공하려면 '미분'과 '적분'의 개념으로 이어지는 미시적 관점과 거시적 관점을 자유자재로 오갈 수 있어야 한다. 이 두 시점은 수학계뿐만 아니라 의사 결정을 해야 하는 상황에서도 뛰어난 효과를 발휘한다.

여기서는 특히 '미시적 관점'에 관해 상세히 다룬다.

미분은 '미시적 관점'

비즈니스계에서는 전체상을 파악하는 일, 다시 말해 거시적 관점이 중시되고는 한다. 하지만 진정으로 발전하고 개선하려면 미시적 관점도 빠뜨려서는 안 된다.

미시적 관점이란 **사물을 가능한 한 작은 부분으로 분해해서, 그 하나하나를 철저히 관찰**하는 관점이다. 마치 땅바닥을 기는 벌레처럼 세세한 부분까지 주의 깊게 살펴보면 숨은 문제점이나 개선책을 발견할 힌트가 보인다.

이를테면, 신제품을 개발하면서 고객의 피드백을 분석할 때, 전체 의견만 보고 '대체로 호평'이라고 판단해서는 안 된다. 개개인의 의견을 찬찬히 살

피고 '사용하기 불편하다'고 느낀 사람이 있는지, 구체적인 불만 사항은 무엇인지를 알아내야 한다.

제조 현장에서도 미시적 관점은 중요하다. 제품의 품질 관리 과정에서 불량품이 발생했을 때, 전체 불량률만 확인하기보다 각 불량품을 상세히 분석하면 진짜 원인을 밝힐 수 있다. 어느 공정에서 어떤 실수가 발생했는지 찾아내면 재발 방지책을 세워 품질을 향상할 수 있다.

이처럼 미시적 관점은 문제를 해결하거나 개선하는 데 중요한 열쇠가 된다. 세세한 부분에 집착해야 제품과 서비스가 더 좋아지고 고객 만족도가 높아진다.

미시적 관점이 가져온 성공

1973년에 세븐일레븐 재팬을 창업한 스즈키 도미후시는 소매 업계에 새로운 바람을 일으킨 **'단품 관리'**라는 방법을 도입했다. 단품 관리는 기존의 카테고리 단위의 관리와 달리, 각각의 상품을 철저히 관리하는 획기적인 방법이다.

이 단품 관리를 실현하기 위해, 각 점포에 POS 시스템을 도입했다. POS 시스템은 상품의 판매 상황을 자세히 기록해 본부에 전달한다. 본부는 그 기록을 보고 각 점포에 적확한 지시를 내린다. 특정 지역에서 인기가 있는 상품은 중점적으로 공급하고, 잘 팔리지 않는 상품은 진열 장소를 바꾸거나 판매를 중지하는 식이다.

게다가 세븐일레븐은 현장 직원의 의견을 중시해, 상품 발주나 진열을 아르바이트생이나 계약직 직원의 재량에 맡겼다. 늘 고객과 만나는 직원이니만큼 얻을 수 있는 귀중한 정보를 상품 관리에 활용한 셈이다.

이런 식의 철저한 단품 관리는 고객 만족도 향상, 매출액 증가, 점포 운영의 효율화, 경쟁 우위성 구축 등 세븐일레븐이 성공을 거두는 데 큰 요인이 되었다. 단품 관리는 미시적 관점에서 고객의 요구를 파악하고 낭비를 철저하게 배제해 큰 성과를 낳은 좋은 사례다.

미분하면 숨은 정보가 드러난다

미시의 세계를 들여다보는 수학, 그것이 바로 **'미분'**이다.

주말에 드라이브를 나갔다고 생각해보자. 도쿄에서 아타미까지 약 100km의 거리를 자동차로 달렸다. 2시간이 걸려 도착했다면 평균 시속은 시속 50km다.

그러나 실제로 속력은 계속 변한다. 도쿄 시가지에서는 시속 20km 정도로 천천히 달리기도 했을 것이다. 휴게소에서 쉬거나 경치가 좋은 곳에서 차를 세우고 사진을 찍었다면 속력은 시속 0km가 된다. 반면, 고속도로에서는 시속 80km 혹은 시속 100km 이상으로 달렸을지도 모른다.

이처럼 도쿄에서 아타미까지 가는 여정을 세세히 들여다보면, 평균 속력은 시속 50km이더라도 실제 속력은 계속 변한다는 사실이 드러난다. 이렇게 '세세히 들여다본다'는 관점이 바로 미분의 본질이다.

미분은 '미세하게 분해한다'는 말이다. **전체를 가능한 한 세분화해서, 매 순간의 변화 정도를 조사하는 일이 미분인 셈이다.**

드라이브 여정 전체를 평균으로 보지 않고, 어느 순간, 어느 한 점의 속도 변화에 주목하면, 고속도로의 한 지점을 통과한 순간의 속도, 휴게소를 출발한 순간의 가속도, 도로가 정체되었을 때의 감속도 등 다양한 변화를 파악할 수 있다.

미분을 이용하면 변하는 모습을 시시각각 분석해 더 깊이 이해할 수 있다. 앞선 예시로 말하자면, 어느 구간에서 가장 빨랐는가, 어느 구간에서 가장 시간이 오래 걸렸는가, 속도 변화가 가장 컸던 곳은 어디인가 등을 알 수 있다. 이처럼 미분은 얼핏 보면 복잡해 보이는 현상을 작게 분해하고 분석해서 숨은 정보를 찾아내, 더 깊이 이해하고 판단하도록 돕는다.

이 내용을 그래프로 설명하면 다음과 같다.

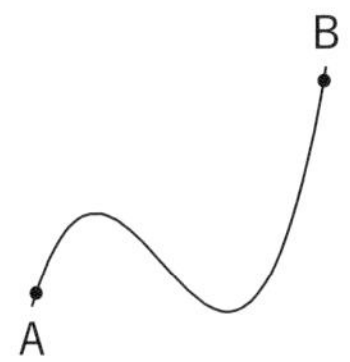

위의 그래프처럼 '어떤 것'이 A에서 B까지 변했다고 하자.

앞서 다룬 예시에서 '도쿄에서 아타미까지 평균 속력은 시속 50km'라고 생각하는 것은 점 A와 점 B를 직선으로 연결하는 것과 같다. 그러면 중간의 양상, 즉 세세한 변화의 정도는 드러나지 않는다.

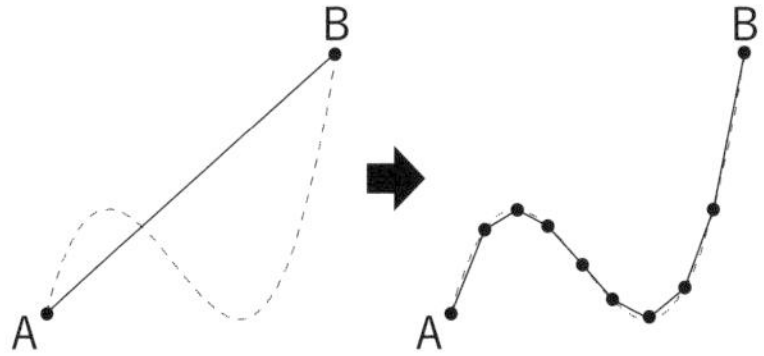

여기서 A 지점부터 B 지점까지의 구간을 작게 분해해 각 구간의 변화를 직선으로 이어보자. 그러면 변하는 모습이 또렷이 드러난다.

이 구간을 더 작게 무한히 분해하는 작업이 '미분'이다. 미분을 하면 대상이 변하는 양상이 상세하고 정확히 파악된다.

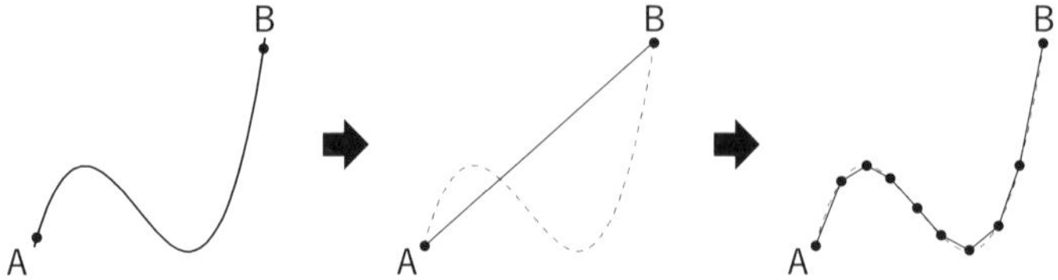

다시 그래프를 보자. 가장 왼쪽 그림처럼 A에서 B로 변한 '어떤 것'이 있다고 하자. A와 B를 직선으로 연결하면 이 '어떤 것'의 정체가 드러나지 않는다.

구간을 미세하게 나누어 각 점을 연결해보자. 그러면 원래의 '어떤 것'과 비슷한 형태가 나타난다. 이 구간을 한층 더 작게 나누는 일이 미분이다.

해답

광고비를 아주 살짝 늘렸을 때, 이익이 어떻게 변하는지 분석한다.

- **광고비를 늘리자 이익이 증가했을 때**

→광고비를 더 늘려서 검토한다.

- **광고비를 늘리자 이익이 감소했을 때**

→광고비를 줄이는 쪽으로 검토한다.

이 과정을 반복해서 정점을 찾는다.

해설

비용 대비 효과를 극대화하려면 광고비를 아주 살짝 늘렸을 때 이익이 어떻게 변하는지를 분석해야 한다.

핵심은 **'아주 살짝'의 변화에 주목**하는 것이다.

가령 실제 광고비와 이익의 관계가 다음 그래프와 같다고 하자.

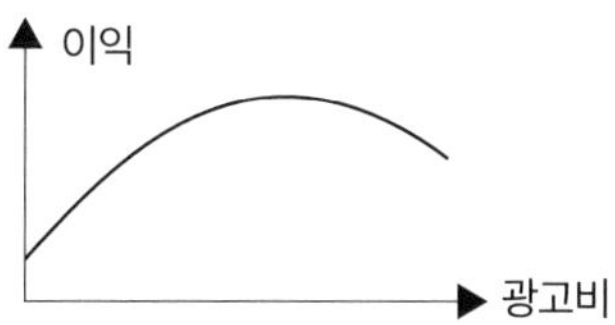

물론 실제 관계는 모르므로, 광고비와 이익의 관계를 파악하기 위해 다양한 범위의 광고비를 적용해봐야 한다.

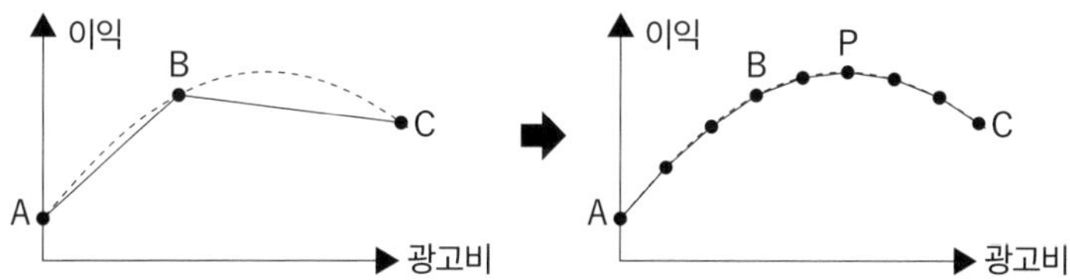

그러나 적용할 광고비의 구간이 지나치게 넓으면 왼쪽 그래프처럼 점 B가 최대 이익이라고 잘못 판단할 위험이 있다. 그렇게 되지 않게끔 광고비를 아주 살짝 달리해서 이익의 변화를 세세히 추적하는 **미시적 관점(미분 개념)**이 필요하다. 이렇게 하면 오른쪽 그래프처럼 진짜 정점인 점 P를 발견할 수 있다.

적분

【문제 40】

당신은 새로 오픈한 카페의 점장이다.

개점 전에 '하루 평균 객단가는 800엔, 손님 수는 100명'으로 얼추 생각하고, 하루 매출액을 '800×100=80,000엔'으로 예측했으나, 실제 매출액과 차이가 크게 났다.

조금 더 정밀하게 예측하려면 어떻게 해야 하는가?

앞에서는 사물을 미시적 관점으로 관찰하는 일의 중요성을 설명했다. 그러나 세세한 부분에만 정신을 팔려 대수롭지 않은 일을 꼬치꼬치 따지느라, 중요한 요점을 놓치는 일도 허다하다.

예로부터 '나무만 보고 숲을 보지 못한다'는 말이 있듯, 세세한 부분에만 지나치게 매달려 전체상을 보지 못하고 중요한 본질을 놓치는 일을 피해야 한다. 이를 위해 미시적 관점과 거시적 관점을 같이 갖추어야 한다.

적분은 '거시적 관점'

미시적 관점을 '벌레의 눈'이라고 하면, 거시적 관점은 '새의 눈'이다. 거시적 관점이란 높은 하늘에서 땅을 내려다보는 새처럼 **사물을 조감해 전체상을 파악하는 관점**이다.

높이 날아오르는 새는 지상을 조감하고 광대한 광경을 한눈에 내려다본다. 그 광경은 삼라만상을 감싸안은 웅대한 파노라마일 것이다.

그런 새의 시점을 동경하는 사람이 많을 터인데, 막연히 조감하기만 해서는 비즈니스에 도움이 되는 통찰을 얻지 못한다. 해상도가 낮은 이미지는 얻을 수 있다고 치더라도, 구체적인 행동으로 이어지는 지침은 얻지 못하기 때문이다.

공중에서 촬영한 불꽃놀이의 4K 영상이나 8K 영상을 본 적 있는가? 숨이 멎을 듯한 그 아름다움은, 미세한 부분이 선명히 보이기 때문에 느껴지는 것이다. 세세한 부분이 차곡차곡 쌓여 전체를 이룬다는 사실을 깨닫는 순간, 우리는 그 방대한 정보량에 압도되고 마음이 요동친다.

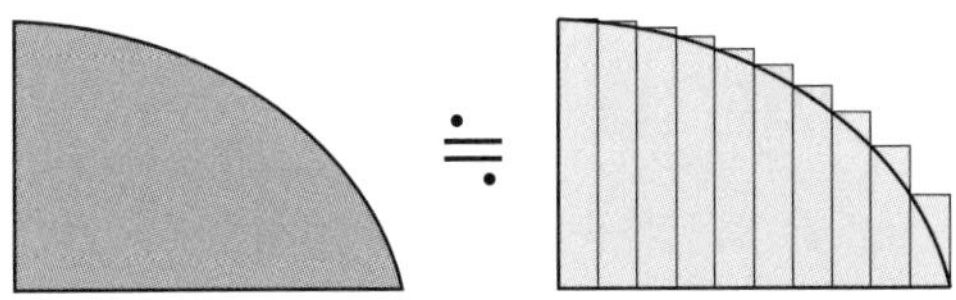

수학에서의 **'적분'**도 **'미세하게 분해한 것을 쌓아 올려' 전체를 파악한다는 개념**이다. 적분은 곡선으로 둘러싸인 도형의 넓이를 얇은 직사각형을 더해서 계산한다.

이를테면, 왼쪽처럼 '타원을 4등분한 도형'이 있다고 하자. 이 도형의 넓이를 계산하기는 어렵지만, 적분을 이용하면 이 넓이를 얇은 직사각형으로 나누어 더한 값으로 구할 수 있다.

물론 오차는 있지만, **직사각형이 얇을수록 오차는 작아진다.**

이런 적분의 개념은, 사실 우리 주변에 깊이 스며들어 있다.

CT 촬영은 신체 단면을 세세하게 촬영하고 그 데이터를 적분해(쌓아 올려) 장기의 입체 영상을 구축한다. 또, 댐의 저수량을 계산할 때도, 수심의 미세한 변화를 파악해서 그 정보를 적분해 정확한 값을 도출한다.

AI나 빅데이터 해석 분야에서도 방대한 정보를 분석해서 미래를 예측할 때 적분이 필요하다. 각 정보는 마치 새의 눈으로 본 지상의 세세한 부분 하나하나다. 이 정보들을 바르게 적분하면 전체상이 떠오르고 미래로 나아가는 길을 그리는 데 도움이 된다.

새처럼 높은 시점에서 전체상을 파악하고 동시에 발밑의 세세한 부분에도 눈을 돌린다. 이런 적분이라는 렌즈를 통해 세계를 다각적으로 파악하면 새로운 아이디어나 혁신이 탄생할지도 모른다.

거시적 관점이 가져온 성공

세세해 보이는 요소를 차근차근 쌓으면 큰 성공으로 이어진다. 이 적분식 사고법을 실현한 비즈니스 전략 중 하나가 **'롱테일 법칙'**이다. 롱테일 법칙이란 **틈새 수요가 있는 상품을 다양하게 갖추어 전체적으로 큰 매출을 올리는 것을 목표로 하는 전략**이다.

기존의 비즈니스 모델은 제한된 가게 공간이나 판매 통로 등의 제약 때문에 인기 상품에 주력해야만 했다. 그러나 인터넷이 보급되면서 실제 가게가 없더라도 방대한 상품을 판매할 수 있게 되며, 롱테일 법칙은 현실적인 선택지가 되었다. 이 전략을 현명하게 활용해 성공을 거둔 기업으로는 아마존, 넷플릭스, 이케아 등이 있다.

아마존은 롱테일 법칙의 대표적인 성공 사례다. 온라인 서점으로 시작한 아마존은 인터넷을 활용해서 실제 가게 공간에 구애되지 않고 방대한 종류의 상품을 다루었다. 따라서 잘 팔리는 상품뿐 아니라 틈새 수요가 있는 상품도 제공해 전체 매출을 크게 올렸다.

넷플릭스는 디지털 콘텐츠를 다루는 비즈니스 모델로 롱테일 법칙에 성공했다. VOD(Video On Demand) 서비스를 통해 수많은 영화와 TV 프로그램을 제공해 사용자가 다양한 콘텐츠를 즐길 수 있는 환경을 갖추었다. 재고 위험이 거의 없고 서버 용량을 늘리면 간단히 콘텐츠를 추가할 수 있으므로, 광범위한 틈새시장에 대응할 수 있었다.

이케아는 실제 가게와 창고 관리를 조합해 롱테일 법칙에 성공했다. 매장과 창고를 일체화해서 많은 상품을 효율적으로 관리하고 전시해 고객의 다양한 요구를 충족했다. 이를 통해 제한된 매장 공간을 최대한으로 활용해서 폭넓은 상품을 제공했다.

롱테일 법칙은 적분 개념처럼 작은 요소를 쌓아 올려 커다란 결과를 낳는, 이른바 **미시적 관점에 입각한 거시적 관점 전략**이다.

예시 해답

하루를 몇 개의 시간대로 나누어, 각 시간대에 방문한 손님 수와 객단가를 예측한다.

해설

이를테면, 다음와 같이 예측한다.

시간대	손님 수(명)	객단가(엔)	매출(엔)
8시~10시	10	400	4,000
10시~12시	15	600	9,000
12시~14시	30	1,000	30,000
14시~16시	20	800	16,000
16시~18시	10	600	6,000
18시~20시	10	400	4,000
합계			**69,000**

하루 매출액을 예측하기 위해 하루를 분해해 시간대별 매출액을 정리했다. 그리고 매출액을 모두 더해 하루의 전체상을 파악했다. 이렇게 하면, 더 정밀하게 예측할 수 있으며, 경험을 쌓아 시간대별 손님 수나 객단가를 미세 조정하면 예상 매출액은 한층 더 정밀해진다.

이 방법은 그야말로 적분 개념, 즉 '미세하게 분해한 것을 쌓아 올려 전체를 파악한다'를 실천한 예시다.

미적분학의 기본 정리

【문제 41】

당신은 중견 기업 제조 회사에서 프로젝트 매니저로 근무하고 있다. 최근에 제품 품질이 일정치 않아, 고객의 불만이 많아졌다. 이 문제를 해결하기 위한 구체적인 대책을 세우시오. 단, 대책은 '미시에서 거시로 갔다가 다시 미시로 돌아온다'는 지침을 따르시오.

제11장에서는 미분과 연결되는 미시적 관점과 적분과 연결되는 거시적 관점에 관해 설명하고 있다. 상반되는 이 두 관점은 한 덩어리로 볼 때 진가를 발휘한다.

수학 역사에서 미분과 적분이 '미적분학의 기본 정리'로 묶여서 비로소 진가를 발휘한 것과 마찬가지다. '미적분학의 기본 정리'란 **미분과 적분**이 덧셈과 뺄셈처럼 **서로 역연산 관계**임을 나타낸 정리다(뒤에서 자세하게 설명한다).

미시와 거시

미시적 관점과 거시적 관점은 얼핏 상반되는 개념처럼 보인다. 하지만 사물을 진정으로 이해하고 더 높은 단계로 발전하려면 이 두 관점을 **통합해서 활용**해야 한다.

이것은 지도를 보는 일과 유사하다. 광역 지도로 전체 위치 관계를 파악한 뒤, 상세 지도로 목적지의 주변 정보를 확인해야 목적지에 수월하게 도착할 수 있다.

비즈니스에서도 마찬가지로 거시적 관점으로 전체상을 파악하고 미시적 관점으로 세부 사항을 검증하면 더 적확히 판단하고, 더 효과적으로 행동할 수 있다. 앞에서 소개한 적분도, **미시적 관점에서 파악한 세부 사항을 거시적 관점으로 쌓아 올려야** 의미가 있었다.

이를테면, 새로운 마케팅 전략을 세울 때, 우선 거시적 관점으로 시장 전체 경향이나 고객의 요구를 분석한다. 그다음 미시적 관점으로 고객 개개인의 속성이나 구매 행동을 분석해서 타깃을 좁힌 뒤, 효과적인 광고 전개나 프로모션 정책을 검토한다.

또, 조직 경영에서도 미시와 거시 두 관점이 중요하다. 리더는 조직 전체의 목표를 달성하기 위해 거시적 관점으로 전략을 세우고 방향성을 제시해야 한다. 동시에 미시적 관점으로 팀원 개개인의 능력과 동기를 파악해서 적절히 지도하고 지원하면 조직 전체가 활성화된다.

미시와 거시, 두 관점을 균형 있게 활용하면 사물의 본질이 명확히 드러나므로 더 적확히 판단하고, 더 효과적으로 행동할 수 있다. 이 방법은 스포츠, 예술, 비즈니스 등 다양한 분야에서 공통되는 **성공 법칙**이다.

미분과 적분의 기원

미시적 관점과 거시적 관점을 자유자재로 구사하는 일이 얼마나 강력한 힘을 발휘하는지는 수학의 **'미적분학의 기본 정리'**가 증명한다. 현대에서 미분과 적분은 '미적분'으로 묶어서 부르며 하나로 취급하는데, 역사를 들여다보면 미분과 적분은 전혀 기원이 다르다.

먼저 탄생한 쪽은 '적분'이다. **기원전 고대 이집트, 그리스, 중국** 등에서는 곡선으로 둘러싸인 원 같은 도형이나, 곡면으로 둘러싸인 구 같은 입체 도형의 넓이를 계산하기 위해 **'미세하게 나눈 것을 쌓아 올린다'**는 **적분**을 떠올렸다.

이를테면, 원을 가느다란 부채꼴 모양으로 무수히 분해해서 정렬하면 직사각형 꼴이 되므로 원의 넓이를 근사하게 구할 수 있다.

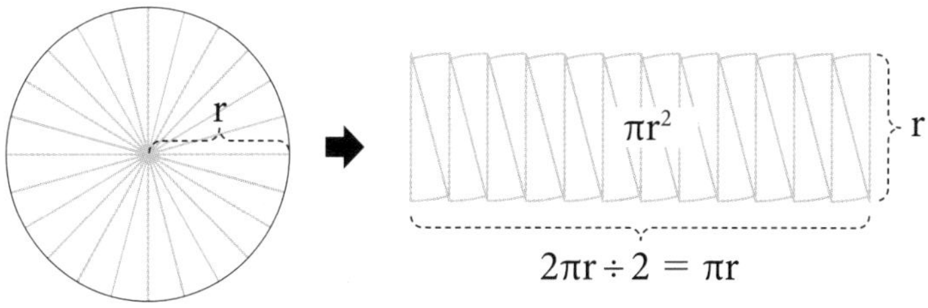

반면 '미분' 개념이 싹튼 곳은 **12세기의 인도**다. **바스카라 2세**(1114-1185)가 곡선 위의 두 점을 지나는 직선은 그 두 점을 가까이 하면 할수록 **접선**(곡선의 단 한 점과 닿는 직선)에 가까워진다는 중요한 발견을 했다. 이 발견은 **'곡선을 가능한 한 세세하게 나누어 각 순간의 변화 정도를 살펴본다'**는 미분식 사고법과 이어지는 획기적인 아이디어였다.

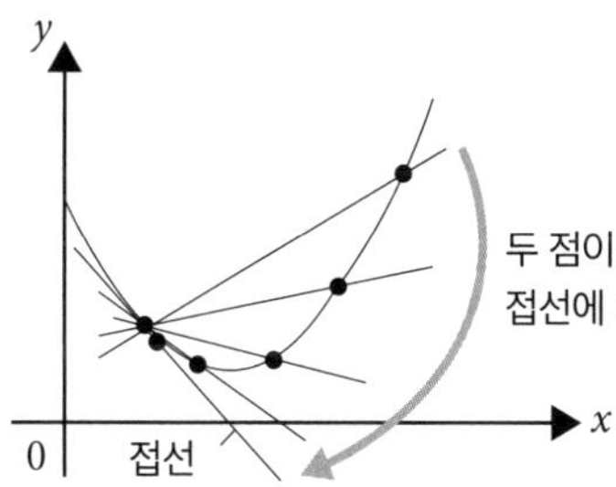

이처럼 적분은 넓이나 부피 계산, 미분은 접선의 결정이라는 서로 다른 문제의식에서 탄생했다. 서로 관련이 없어 보이는 이 두 개념이 17세기에 들

어서 진가를 발휘했다.

미적분학의 기본 정리의 발견

아이작 뉴턴과 **고트프리트 라이프니츠(1646-1716)**, 두 천재가 각자 독자적으로 **'미적분학의 기본 정리'**라는 중요한 정리에 도달하며 수학계에 혁명이 일었다. 쉽게 말해서 **'미분과 적분은 떼려야 뗄 수 없는 관계다'**라는 발견이었다.

'미적분학의 기본 정리'를 이해하기 쉽게 저축과 비교해보자.

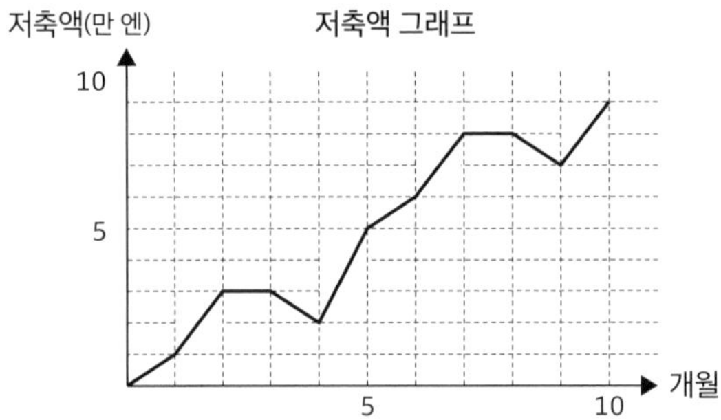

위 그래프는 10개월간의 **저축액**(만 엔) 변화를 보여준다. 이 '저축액 그래프'를 깊이 이해하려면 처음과 마지막 저축액뿐만 아니라, 저축액이 매달 어떻게 증감했는지를 알아야 한다. 이때 도움이 되는 것이 '미분'이다. 저축액 그래프를 세세히(1개월 단위로) 분해해서 각 구간의 변화 정도를 살펴보자. 여기서는 1개월당 저축액의 변화 정도를 **저축률**(만 엔/개월)로 부르겠다.

저축률을 그래프로 다음과 같이 정리했다.

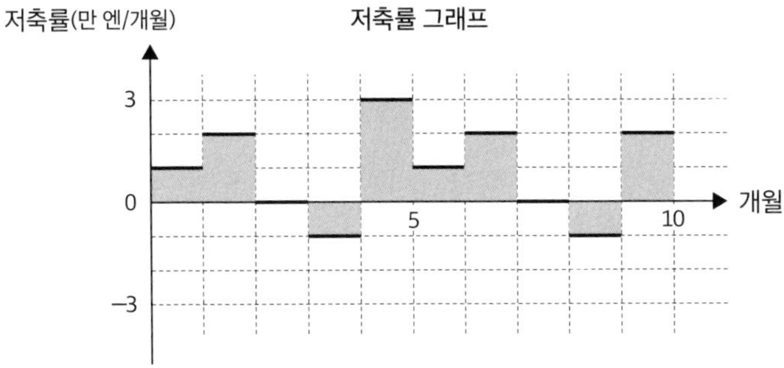

다음으로 '저축률 그래프'에서 그래프와 시간 축으로 둘러싸인 도형(회색 부분)의 넓이를 구해보자. 도형을 얇은 직사각형으로 나누어 각 넓이를 더하는 '적분'으로 계산한다. 이때, 가로축 아래쪽의 넓이는 '음수'로 계산한다. 계산 결과를 표로 정리하면 다음 표와 같다.

저축률 그래프의 넓이

기간(개월)	넓이(만 엔)	누계 넓이(만 엔)
0~1	1	1
1~2	2	3
2~3	0	3
3~4	-1	2
4~5	3	5
5~6	1	6
6~7	2	8
7~8	0	8
8~9	-1	7
9~10	2	9

떼려야 뗄 수 없는 관계

과정을 정리해보자.

1. 저축액 그래프 미분

→저축률 그래프 작성

2. 저축률 그래프 적분

→저축률 그래프의 넓이를 표로 작성

흥미로운 부분은 지금부터다. 저축률 그래프의 넓이 표에 있는 각 누계 넓이는 저축액 그래프 속 해당 달의 저축액과 똑같다. 이를테면, 4개월째의 누계 넓이는 2만 엔인데, 이 값은 저축액 그래프에서 4개월 시점의 저축액과 같다.

즉, 저축액 그래프를 미분해 얻은 저축률 그래프를 적분하면 맨 처음의 저축액 그래프로 되돌아가는 셈이다. 물론 반대로 저축률 그래프를 적분해 구한 저축액 그래프를 미분하면 저축률 그래프로 되돌아간다.

미적분학의 기본 정리란 이 관계를 일컫는다.

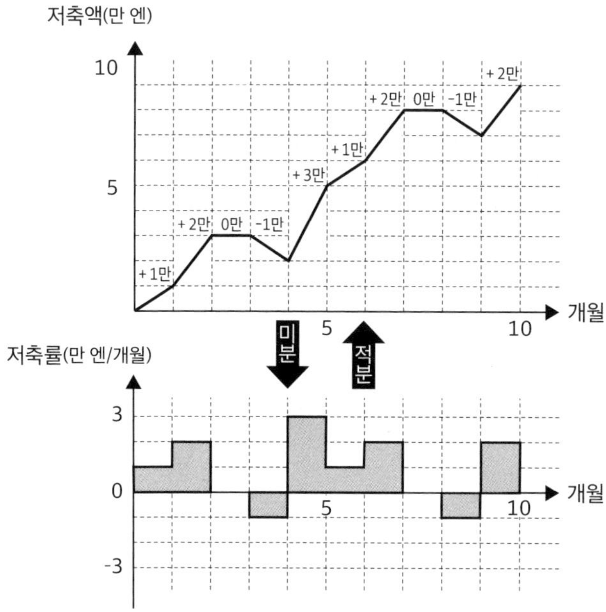

뉴턴과 라이프니츠가 등장하기 전, 수학자들은 미분과 적분을 전혀 다른 계산법으로 여겼다. 이를테면, 어느 함수 A를 미분해서 함수 B가 나왔을 때, 함수 B를 미분하면 당연히 함수 A와 다른 함수 C가 나오리라 여긴 것이다.

그러나 실제로는 함수 A를 미분해 나온 함수 B를 적분하면, 함수 A로 되돌아간다는 깜짝 놀랄 사실이 밝혀졌다. 마치 소고기를 구운 뒤 찜기에 넣고 찌면 원래의 생고기로 되돌아간다는 말처럼, 당시의 상식으로는 이해하기 힘든 현상이었다. 많은 수학자가 '도대체 왜?' 하고 놀라며 당황했을 모습이 쉽게 그려진다.

미적분학의 기본 정리의 발견은 그만큼 충격적인 사건이었다. '미적분학의 기본 정리'는 미시적 관점인 '벌레의 눈'에서 거시적 관점인 '새의 눈'이 사실 떼려야 뗄 수 없는 관계라는 사실을 밝혀낸 셈이다. 이 기본 정리로, 미분으로 얻은 국소적인 정보를 적분해서 전체상을 파악할 수 있게 되었고, 거꾸로 전체상으로 국소적인 정보를 도출할 수도 있게 되었다.

이 획기적인 발견은 미분과 적분을 서로 보완하는 관계로 승화시켰다. 지금은 수학의 틀을 넘어서 물리학과 공학은 물론 경제학과 심리학까지 다양한 분야에서 응용하는 강력한 도구가 되었다.

예시 해답

1. 문제 파악(미시적 관점)

제조 과정의 각 단계를 상세히 분석해 품질에 영향을 미칠 가능성이 있는 요인들을 찾아낸다.

예) • 원재료의 품질
- 작업자의 기술 수준
- 기계의 유지 관리 상황
- 검사 공정의 정밀도
- 작업 환경
- 공정 간 연계

2. 전체상 파악(거시적 관점)

현재 업계 경향이나 시장 경쟁 상황 조사.

예) • 업계 전체의 품질 기준
- 경쟁사의 품질 관리 체제
- 시장에서 고객이 요구하는 품질 수준

3. 구체적인 개선책 결정(미시로 돌아감)

거시적 관점에서 얻은 정보를 바탕으로 다시 미시적 관점으로 돌아가, 구체적인 개선책 결정.

예) • 원재료의 품질 향상: 자재 공급자와의 연계 강화, 엄격한 수입 검사
- 작업자의 기술 향상: 교육 훈련 과정 실시, 자격 취득 장려
- 기계의 유지 관리 강화: 정기적인 점검·수리, 최신 설비 도입
- 검사 공정의 정밀도 향상: 검사 장비 업그레이드, 인력 증원
- 작업 환경 개선: 온도·습도 관리, 철저한 청소
- 공정 간 연계 강화: 정보 공유 시스템 도입, 대화 활성화

해설

'미시에서 거시로 갔다가 다시 미시로 돌아온다.' 이 방법은 모든 부분을 높은 수준으로 발전시키는 방법이라고 해도 과언이 아니다. 이 이념은 '미적분학의 기본 정리' 개념과 겹치는 부분이 많고, 비즈니스에서도 통하는 보편적인 진리다.

사물을 발전시키려면 우선 미시적 관점에서 세부 사항을 철저히 관찰하고, 현상을 정확히 파악해야 한다. 그러나 미시적 관점만으로 사물을 보면 시야가 좁아지고, 전체상을 놓칠 가능성이 있다. 따라서 거시적 관점으로 전체를 조감하고 더 넓은 시야로 현상을 다시 파악할 필요가 있다. 그리고 거시적 관점으로 얻은 새로운 정보를 바탕으로 또다시 미시적 관점으로 되돌아가, 각 요소를 재검증하면 더 깊이 이해하고, 더 적확히 판단할 수 있다.

이 과정을 반복하면 회전 계단을 올라가듯이 사물이 한 단계씩 높은 수준으로 발전된다.

나오며

이 책을 끝까지 읽어주신 독자 여러분 진심으로 감사합니다.

수학적 사고법을 의사 결정에 활용한다는 이 책의 목표가 독자 여러분에게 어떻게 다가갔을까요. 추상적인 수학 개념이 실은 우리가 일상에서 내리는 판단에 깊이 연관되어 있음을 조금이라도 실감하셨다면 저자로서 기쁠 따름입니다.

수학이라는 학문은 흔히들 '학창 시절에 싫어했던 과목'이나 '전문가가 다루는 분야'라고 생각합니다.

그러나 수학은 결코 일부 사람을 위한 학문이 아닙니다. 정보를 정리하고 논리적으로 생각하고 미래를 예측하는 이 기술은 모든 사람의 일상과 업무에 도움이 됩니다. 이 기술을 익혀서 실생활에 응용할 수 있게 되는 것이 수학을 배우는 가장 큰 의의라고, 저는 늘 생각합니다.

이 책을 쓰며 저 자신도 수학의 매력과 가능성을 다시금 생각해보았습니다. 이 자리를 빌려 귀중한 집필 기회를 주신 분들께 깊이 감사드리고 싶습니다.

이 책의 내용은 한 번 읽고 끝내서는 이해하기 어렵습니다. 매일 마주하는 의사 결정 상황이나 문제 해결 상황에서 부디 반복해서 읽고 활용하시기를 바랍니다.

복잡한 정보를 정리할 때는 제1장을 읽고, 확률이나 기댓값을 구해야 할 때는 제8장을 보는 식으로, 이 책이 여러분의 '도구'로서 제 역할을 다하기를 바랍니다.

마지막으로 이 책을 통해 독자 여러분과 만나게 되어 진심으로 기쁩니다. 또, 다른 기회에 다른 형태로 만나기를 고대하겠습니다. 그때는 더 깊은 배움과 새로운 관점을 전할 수 있도록 저 자신도 계속 성장해나가겠습니다.

끝까지 읽어주셔서 다시 한번 감사드립니다. 이 책이 여러분의 인생에 조금이라도 좋은 영향을 미치기를 바라며 이만 줄입니다.

2024년 12월

나가노 히로유키